JN234357

電気回路基礎入門

博士（工学） 山口 静夫 著

コロナ社

は じ め に

　今日，「電気回路」は，必修科目としている電気・電子・情報系の学科，あるいはそれに関連する学科の中においても，高度情報化社会に対応した専門科目の基礎科目としての修得すべき内容や深さが多様化している。これは，それぞれの大学や学科により「電気回路」が1年次だけの履修となっている場合や，2～3年次まで行う場合など，多岐にわたっていることからわかる。

　本書は，短大・大学などで「電気回路」を学ぶ1年次（1年次で終了する場合を含む）を対象とし，学ぶ項目を減らして必要最小限のものに絞り，入門用の基本的な例題と応用的な例題を挙げ，その類似問題を解く手法を用いて，なるべく式の変形を省略しないでわかりやすく書いたものである。

　以下に「電気回路基礎入門」の特徴や，特に注意した事柄を示す。

（1）　1年次だけの履修で「電気回路」の基礎が十分修得できるように，学ぶ項目を選択して必要最小限にした。

①　定理や法則では，オームの法則とキルヒホッフの法則が，実際の回路で適用できるように書いた。さらに複雑な回路や半導体素子の入った電子回路になると，テブナンの定理と重ね合わせの理がたいへん有効なので，この定理の使い方に重点をおいた。

②　交流回路を学ぶとき通常のテキストでは，はじめに三角関数を用いて正弦波交流を学び，つぎに複素数による記号法の解き方を学ぶ。この方法は一見わかりやすいと思われがちだが，学生にとっては，逆に三角関数と複素数が入り交じって混乱を起こす原因となっている。そのため本書では，交流回路を学ぶとき三角関数は用いずに複素数による記号法とした。

　　この場合，記号法を学ぶ前に必要とされる複素数の基本演算やその演習の節を設け，複素数が修得できるようにしてある。

(2) 本書では以下に示す項目が省いてある。さらに2～3年次でより深く勉学する学生は，学科によってこの項目が必要になる。

  1) ベクトル軌跡 2) 直列共振回路 3) 並列共振回路 4) 電磁誘導結合回路（相互インダクタンス回路） 5) 2端子回路 6) 4端子回路 7) 3相交流回路 8) 分布定数回路 9) ひずみ波交流 10) 過渡現象

本書の読者対象は，専門学校，短大，高専，大学の学生を主としているが，多くの具体的な例題を挙げることにより独学でも学べるように配慮したつもりである。「電気回路」の基本的な内容を理解した読者は，第7章や第15章にも挑戦していただきたい。

これは著者の経験だが，「電気回路」などの専門基礎科目は，特に基礎の積み重ねと毎回の復習および多くの演習問題を解くことが大事である。

本書を執筆するにあたり，その機会を与えていただいたコロナ社諸氏に深謝いたします。

 2000年10月

著　者

初版第21刷発行に際して

回路図に用いる電気用図記号が2011年にJIS C 0617へと改正されたのに伴い，本書の図記号も変更を行った。併せて，紙面の許す範囲で演習問題と解説を追加し，内容の充実を図った。

 2020年1月

著　者

本書で用いるおもな量記号と単位記号

量　名	量記号	単位記号と名称
電圧，起電力	E, e	V：ボルト
電流	I, i	A：アンペア
電荷	Q, q	C：クーロン
電力	P, p	W：ワット
電力量（エネルギー）	W_t	Ws：ワット秒
		Wh：ワット時
		J：ジュール
		(J＝Ws)
時間	t	s：秒，h：時
周期	T	s：秒
周波数	f	Hz：ヘルツ
角周波数	ω	rad/s：ラジアン毎秒
位相角	θ	rad：ラジアン，°：度
抵抗	R	Ω：オーム
インダクタンス	L	H：ヘンリー
キャパシタンス（コンデンサ）	C	F：ファラド
インピーダンス	$\dot{Z}$	Ω：オーム
リアクタンス	X	Ω：オーム
アドミタンス	$\dot{Y}$	S：ジーメンス

SI 単位のおもな接頭語

単位の 10 の整数倍を容易に表すために，以下の接頭語が定められている。特にアミで表示してある接頭語は，電気・電子系で多く用いられている。

倍数	接頭語	記号	倍数	接頭語	記号
10^{12}	テラ (tera)	T	10^{-1}	デシ (deci)	d
10^{9}	ギガ (giga)	G	10^{-2}	センチ (centi)	c
10^{6}	メガ (mega)	M	10^{-3}	ミリ (milli)	m
10^{3}	キロ (kilo)	k	10^{-6}	マイクロ (micro)	μ
10^{2}	ヘクト (hecto)	h	10^{-9}	ナノ (nano)	n
10^{1}	デカ (deca)	da	10^{-12}	ピコ (pico)	p

(例) 電圧を例にとり SI 接頭語で表現してみるとつぎのようになる。
  $1\,000\,\text{V} = 10^3\,\text{V} = 1\,\text{kV},\ 0.001\,\text{V} = 10^{-3}\,\text{V} = 1\,\text{mV}$

おもな回路素子の働き

回路素子	回路記号	働き
抵抗	R	回路に流れる電流の大きさを制限して，エネルギーをジュール熱による発熱などのかたちで消費する素子。
インダクタンス	L	導線をコイル状に巻いて，コイルに電流を流すと自己誘導作用によってコイルの両端に誘起起電力を発生する素子。エネルギーの消費はなく，電磁エネルギーとして蓄積する。
キャパシタンス（コンデンサ）	C	2 枚の電極の間にフィルムやセラミックなどの誘電体を狭み，この間に電圧を加えると 2 枚の電極の間に正，負の電荷を蓄積する素子。エネルギーの消費はなく静電エネルギーとして蓄積する。

目　　次

1 電流と電圧について

1.1 電荷と電流 ……………………………………………………………… *1*
1.2 電　　　圧 ……………………………………………………………… *2*
1.3 起電力（電源） ………………………………………………………… *3*
1.4 抵　　　抗 ……………………………………………………………… *5*
演 習 問 題 ……………………………………………………………… *6*

2 直流回路の基本法則

2.1 オームの法則 …………………………………………………………… *7*
2.2 キルヒホッフの法則 …………………………………………………… *9*
　2.2.1 キルヒホッフの第1法則（電流の法則）………………………… *9*
　2.2.2 キルヒホッフの第2法則（電圧の法則）………………………… *12*
演 習 問 題 ……………………………………………………………… *15*

3 直流基礎回路

3.1 電流計と電圧計のスケールの構成（分流器と分圧器の原理）………… *16*
　3.1.1 電流計のスケールの構成 ………………………………………… *17*
　3.1.2 電圧計のスケールの構成 ………………………………………… *18*

3.2 直並列回路 ……………………………………………………… 21
演 習 問 題 ……………………………………………………………… 24

4 複雑な直流回路とその簡略化

4.1 直流ブリッジ ………………………………………………… 26
4.2 対 称 回 路 ……………………………………………………… 30
4.3 Δ-Y変換回路 ………………………………………………… 34
演 習 問 題 ……………………………………………………………… 36

5 回路方程式の作成とその解法

5.1 回路網について …………………………………………………… 38
5.2 枝路電流法（節点電流法）……………………………………… 39
5.3 閉路電流法（ループ電流法）…………………………………… 40
5.4 クラーメルの式による回路方程式の解法 …………………… 42
　　5.4.1 回路方程式が連立2元1次方程式で表現できる場合の解法 ……… 42
　　5.4.2 回路方程式が連立3元1次方程式で表現できる場合の解法 ……… 45
演 習 問 題 ……………………………………………………………… 48

6 直 流 電 力

6.1 電力と電力量 ……………………………………………………… 50
6.2 抵抗の消費電力 …………………………………………………… 51
演 習 問 題 ……………………………………………………………… 53

7 直流回路の条件による解法

7.1 電流の条件について ………………………………………………… 54
7.2 電圧の条件について ………………………………………………… 56
7.3 電力の条件について ………………………………………………… 58
演 習 問 題 ……………………………………………………………… 59

8 正弦波交流

8.1 交　　　流 …………………………………………………………… 61
8.2 正弦波交流の瞬時値と位相 ………………………………………… 62
8.3 正弦波交流の平均値と実効値 ……………………………………… 67
　8.3.1 平　均　値 …………………………………………………… 68
　8.3.2 実　効　値 …………………………………………………… 69
8.4 任意の交流波形の平均値と実効値 ………………………………… 71
演 習 問 題 ……………………………………………………………… 74

9 フェーザ表示法による交流回路の取り扱い

9.1 複素数の基礎 ………………………………………………………… 75
9.2 ベクトルの複素数による表示（フェーザ表示）………………… 76
9.3 複素数の加減乗除 …………………………………………………… 79
　9.3.1 複素数の加減（和と差）…………………………………… 79
　9.3.2 複素数の乗除（積と商）…………………………………… 80
9.4 正弦波交流電圧・電流のフェーザ表示 …………………………… 82
9.5 交流回路素子のフェーザ表示 ……………………………………… 84

10 交流回路素子の直列接続

9.5.1 抵抗のフェーザ表示 ... 84
9.5.2 インダクタンスのフェーザ表示 ... 85
9.5.3 キャパシタンスのフェーザ表示 ... 87
演 習 問 題 ... 90

10 交流回路素子の直列接続

10.1 素子の直列接続とインピーダンス ... 91
  10.1.1 インダクタンスの場合 ... 91
  10.1.2 キャパシタンスの場合 ... 92
  10.1.3 インピーダンスの場合 ... 92
10.2 RL 直 列 回 路 ... 93
10.3 RC 直 列 回 路 ... 96
10.4 RLC 直 列 回 路 ... 99
演 習 問 題 ... 102

11 交流回路素子の並列接続

11.1 素子の並列接続とアドミタンス ... 104
  11.1.1 インダクタンスの場合 ... 104
  11.1.2 キャパシタンスの場合 ... 105
  11.1.3 アドミタンスの場合 ... 105
11.2 RL 並 列 回 路 ... 106
11.3 RC 並 列 回 路 ... 108
11.4 RLC 並 列 回 路 ... 110
演 習 問 題 ... 112

12 交流の直並列回路

12.1 直並列回路 ··· 114
12.2 インピーダンスの等価変換 ··· 117
   12.2.1 RL 並列回路の等価変換 ····································· 117
   12.2.2 RC 並列回路の等価変換 ····································· 118
演習問題 ··· 118

13 諸定理

13.1 電圧源と電流源 ·· 120
   13.1.1 電圧源 ··· 120
   13.1.2 電流源 ··· 121
   13.1.3 電圧源と電流源の等価変換 ································· 123
13.2 テブナンの定理 ·· 125
13.3 重ね合わせの理 ·· 129
演習問題 ··· 131

14 交流電力

14.1 瞬時電力と平均電力および力率 ····································· 133
14.2 有効電力と無効電力および皮相電力 ······························ 136
演習問題 ··· 140

15 交流回路の条件による解法

- 15.1 回路方程式の作成とクラーメルの式の適用 …………………… *141*
- 15.2 電圧と電流が同相になる条件 ………………………………… *142*
- 15.3 回路のインピーダンスが一定値になる条件 …………………… *144*
- 15.4 インピーダンスや端子電圧が角周波数に無関係になる条件 …… *145*
- 15.5 電圧と電流および電力が最大・最小になる条件 ……………… *147*
- 15.6 交流ブリッジの平衡条件 ……………………………………… *149*
- 演 習 問 題 ……………………………………………………… *151*

付　　　　録 ………………………………………………………… *153*
演習問題略解 ………………………………………………………… *157*
索　　　　引 ………………………………………………………… *168*

山 口 静 夫 著
「電気回路応用入門」
主　要　目　次

1. 交流回路の周波数特性
2. 直 列 共 振 回 路
3. 並 列 共 振 回 路
4. 変　　成　　器
5. 3 相 交 流 回 路
6. 2 端 子 対 回 路
7. 分布定数回路（伝送線路）
8. 非 正 弦 波 交 流
9. 過　渡　現　象

1 電流と電圧について

現代社会では，わたしたちが生活している家の中をみると，パソコンやテレビをはじめとする多くの電気・電子機器が利用されている。これらの機器はいまやわたしたちの生活や産業に欠かすことができないが，その動作の基礎となるものが電気回路といえる。本章では初心者にもわかりやすいように，回路の基本的な要素である電流と電圧さらに抵抗などについて述べる。

1.1 電荷と電流

電流（current）とは，**電荷**（electric charge）の移動とみなすことができるので，はじめに電荷について考えてみる。

ガラス棒を絹布でこするとガラス棒に正電気，絹布に負電気が現れ，ガラス棒，絹布とも小紙片などの軽い物体を吸い付けることがよく知られている。身近な例としては，冬の乾燥したときに衣服の摩擦によって生じる静電気があげられる。このように物体に電気が帯びることを**帯電**，帯電した物体のもつ電気を**電荷**と呼んでいる。このとき正に帯電した電荷を**正電荷**，負に帯電した電荷を**負電荷**という。

つぎに**電流**について，図 1.1 に示すように電荷の移動で考えてみる。正電荷をもつ物質 A と負電荷をもつ物質 B とを金属などの導体 C で接続すると，負電荷が正電荷に引かれて移動する。負電荷は**電子**の集合体とみなせられるので，すなわち

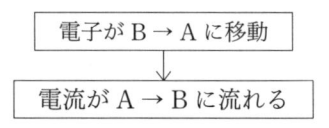

| 電子が B → A に移動 |
| 電流が A → B に流れる |

図 1.1 電荷と電流

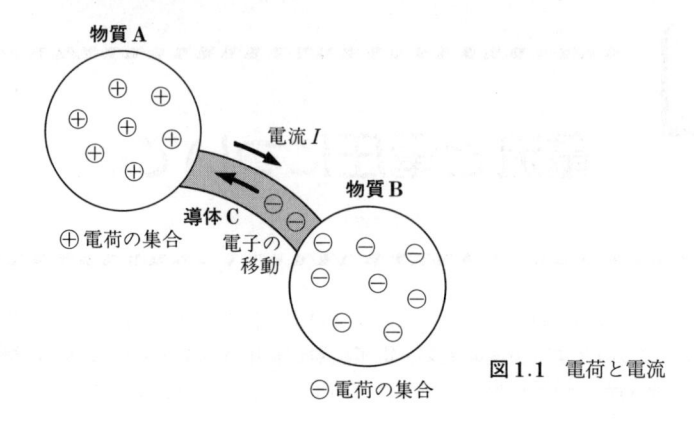

のようになる。

電流の大きさ I は，導体を単位時間 dt あたりに移動する電荷の量 dQ で定義され，式 (1.1) で表される。

$$I = \frac{dQ}{dt} \tag{1.1}$$

それぞれの単位は

　　電流 I：アンペア〔Ampere，記号 A〕
　　電荷 Q：クーロン〔Coulomb，記号 C〕
　　時間 t：秒〔second，記号 s〕

そのため，1秒間に1Cの電荷が移動したときの電流の大きさを1Aとしている。

1.2　電　　　　圧

点Aと点Bを金属線などの導体で接続したとき，電荷がA〜B間を移動して，電流 I がA→Bに向かって流れたとする。このときA〜B間には，**電位差**（potential difference）または**電圧**（voltage）があるという。これを図1.2に示す。

つぎに点Aの電位を E_A，点Bの電位を E_B とおくと，点Bからみた点A

1.3 起電力(電源)

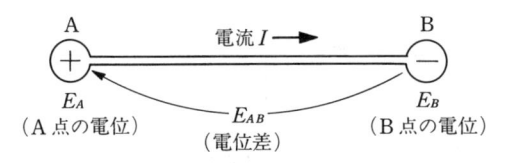

```
        A        電流 I →      B
       (+)  ←―――――――――――  (−)
        E_A      E_AB         E_B
    (A点の電位)  (電位差)   (B点の電位)
```

図1.2 電位と電位差

の電位差（電圧）E_{AB} は，$E_{AB}=E_A-E_B$ となり，**矢印の矢の方向が電圧が高いことを表している**。ここで電位の基準すなわち零電位を地球の大地にとり，通常**アース**（earth）もしくは**グランド**（ground）と呼ばれている。

電圧の大きさ E は，**単位電荷 dQ がある2点間を移動する際に必要とされるエネルギー（電力量または仕事量）dW_t で定義される**。このことは単位電荷が2点間を移動することにより，その電荷が得るエネルギーと考えられ，式 (1.2) で表される。

$$E=\frac{dW_t}{dQ} \tag{1.2}$$

それぞれの単位は

　　電圧 E：ボルト〔<u>V</u>olt，記号 V〕

　　エネルギー W_t：ジュール〔<u>J</u>oule，記号 J〕

　　電荷 Q：クーロン〔<u>C</u>oulomb，記号 C〕

したがって，**1Cの電荷がある2点間を移動して1Jの仕事をした場合，この2点間の電位差（電圧）を1Vとしている**。

エネルギーの単位には，ジュールのほかに電気の分野では，ワット秒〔Ws〕やワット時〔Wh〕が多く用いられている。ここでエネルギーと電力の関係については，第6章の直流電力の中で述べる。

1.3 起電力(電源)

例えば**図1.3**に示すように，電球に**電池**（battery）などを接続して電流 I を流すと電球が点灯する。ここで電池について考えてみると，**電池は＋，－の**

1. 電流と電圧について

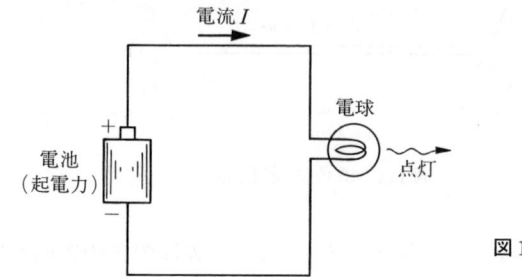

図 1.3 起電力

両端にたえず一定の電位差を発生させる源となっているので，**起電力**（electromotive force）もしくは**電源**（electric source）と呼ばれ，単位はボルト〔V〕である。

起電力の種類には，電池などの，時間に対して電圧の大きさと方向が一定な**直流**（direct current，記号 DC）と一般の家庭などで用いられている，時間に対して電圧の大きさと方向が正弦波状に変化する**交流**（alternating current，記号 AC）とがある。これを**表 1.1**に示す。

表 1.1 起電力の種類による直流と交流

起電力	回路記号	波　形
直　流	E	電圧一定
交　流（正弦波交流）	e	$e = E_m \sin \omega t$

ここで起電力に直流電圧を用いた回路を直流回路，それに対して起電力に交流電圧を用いた回路を交流回路と呼んでいる。

1.4 抵抗

抵抗（resistance）とは，回路中に流れる電流の大きさを制限して，エネルギーを発熱などのかたちで消費する回路素子で，電気抵抗とも呼ばれている。

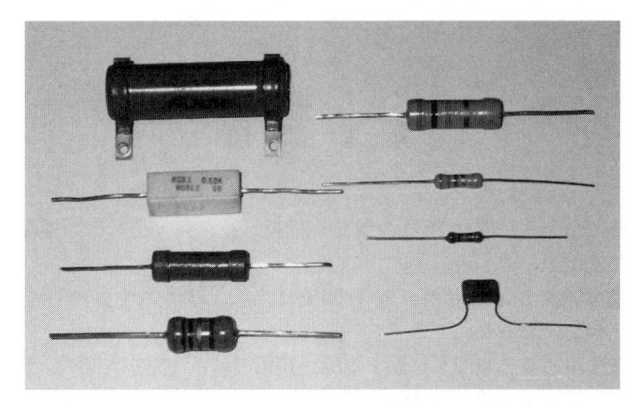

左側上から巻線抵抗，セメント抵抗，酸化金属皮膜抵抗
および金属皮膜抵抗
右側上から炭素皮膜抵抗（3個）と金属皮膜抵抗

図1.4 抵抗の外観例

表1.2 直流回路で用いられる回路用語とその表示法

用語	代表的な記号	単位	回路記号
起電力 （電源）	E	V（ボルト）	E +｜−
端子電圧 （電圧降下）	E_R	V（ボルト）	R　E_R
電流	I	A（アンペア）	→ I
抵抗	R	Ω（オーム）	R

回路に流れる電流の大きさと抵抗値には，反比例の関係がある。抵抗の単位は，**オーム**〔Ohm，記号 Ω〕である。

ここで積極的に発熱を利用した抵抗の例としては，電熱器（ヒータ）のニクロム線などがあげられる。しかし一般的には**図 1.4**に示すような，電気・電子機器の回路の中で用いられる小形な抵抗が主流となっている。

第1章のまとめとして，**表 1.2**に直流回路の回路用語とその表示法について示す。

演 習 問 題

（1） ある導体中を 5 秒間に 20 C の電荷が移動した。何アンペアの電流 I が流れたことになるか。

（2） ある導体中を 5 A の電流が 30 秒間流れたら，導体中を移動した電荷の量 Q は何クーロンになるか。

（3） 単位電荷がある 2 点間を移動する際，10 J のエネルギーを得た。2 点間には，何ボルトの電圧 E が加えられていたか。

（4） 5 V の電圧が加えられた 2 点間を単位電荷が移動する際に得るエネルギー W_t を求めよ。

（5） 1 A の電流が 1 時間（1 h）流れる場合の電荷の量（電荷量）を 1 アンペア時〔Ah〕という。1 Ah は何クーロンになるか。

（6） ある導体中を 100 A の電流が 12 分間流れた場合の電荷量は何クーロンか，また何アンペア時となるか。

（7） 材質が銅の導線で，直径 D が 2 mm，長さ l が 1 km のとき，この導線の電気抵抗 R を求めよ。ただし，銅の抵抗率 ρ を 1.72×10^{-8} Ωm とする。ここで電気抵抗 R は，導体の断面積を S とおくと $R = \rho(l/S)$ で表される。

2 直流回路の基本法則

電気・電子回路において，わたしたちが回路の電圧や電流を求める際必要となる基本的な法則には，オームの法則とキルヒホッフの法則とがある。本章では抵抗からなる直流回路にオームの法則やキルヒホッフの法則を適用して，回路の電圧や電流を求める方法について述べる。

2.1 オームの法則

オーム（G. S. Ohm：1787〜1854，ドイツ）は，電圧と電流の関係を明らかにして抵抗というものを以下のように定義した。

図 2.1 に示すように抵抗 $R\,[\Omega]$ に起電力 $E\,[V]$ を加えたとき，抵抗に流れる電流 $I\,[A]$ は次式で求められる。

$$I = \frac{E}{R} \tag{2.1}$$

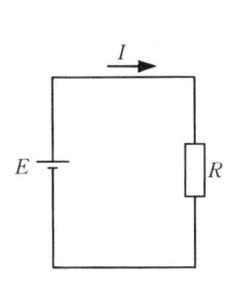

図 2.1 オームの法則

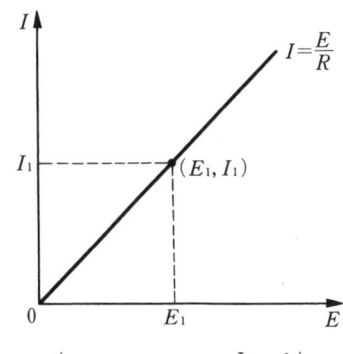

$$\left(比例定数 = 傾き = \frac{I_1}{E_1} = \frac{1}{R}\right)$$

図 2.2 オームの法則のグラフ化

式 (2.1) は，$I=(1/R)E$ とも書ける。すなわちこれをグラフ化すると**図2.2**に示すように

「**電流の大きさ I は，比例定数 $1/R$ で加えた電圧 E に比例して流れる**」

ことを表しており，これを**オームの法則**（Ohm's law）という。

一般にオームの法則が成立する電気素子（回路素子）を**線形素子**（linear element）と呼び，その回路を**線形回路**（linear circuit）という。代表的な線形素子として，直流回路では抵抗，交流回路では抵抗，インダクタンスおよびキャパシタンスがある。

例題 2.1　図 2.1 に示す回路において，10 Ω の抵抗に起電力 E を加えて，電圧の大きさを 0〜10 V まで 1 V 間隔で変化させたとき，抵抗 R に流れる電流 I を求めグラフにせよ。

解　式 (2.1) のオームの法則に $R=10$ Ω を代入すると次式となる。

$$I=\frac{E}{10} \tag{2.2}$$

上式で電圧を 0〜10 V まで 1 V 間隔で変化させると，電流は $I=0$〜1 A まで 0.1 A 間隔で直線的に変化することになる。これを**図 2.3** に示す。

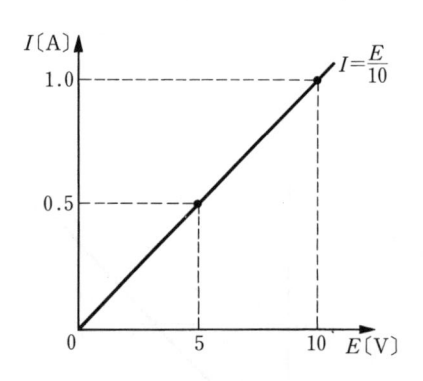

図 2.3　$I=\dfrac{E}{10}$ のグラフ化

例題 2.2　図 2.1 に示す回路で抵抗 R もしくは起電力 E の大きさを求めよ。

（a）　抵抗 R に $E=10$ V を加えたら電流 I が 2.5 A 流れた。R を求めよ。

（b）　$R=5$ Ω に起電力 E を加えたら電流 I が 0.3 A 流れた。E を求めよ。

解 式 (2.1) のオームの法則から R と E について求めると次式となる。

$$R = \frac{E}{I} \tag{2.3}$$

$$E = RI \tag{2.4}$$

（a） 式 (2.3) に $E=10\,\mathrm{V}$，$I=2.5\,\mathrm{A}$ を代入すると $R=4\,\Omega$ となる。
（b） 式 (2.4) に $I=0.3\,\mathrm{A}$，$R=5\,\Omega$ を代入すると $E=1.5\,\mathrm{V}$ となる。

2.2 キルヒホッフの法則

抵抗などの線形素子からなる単純な回路の電圧や電流は，オームの法則によって求めることができる。しかし線形素子からなる複雑な回路をはじめ，半導体素子であるトランジスタやIC（集積回路）などの非線形素子を含む電気・電子回路を取り扱うには，オームの法則をさらに発展させた**キルヒホッフの法則**（Kirchhoff's law）が必要になる。

キルヒホッフ（G. R. Kirchhoff：1824～1887，ドイツ）は，任意の回路において以下に示すキルヒホッフの第1法則と第2法則，すなわち電流の法則と電圧の法則が成立することを発見した。

2.2.1 キルヒホッフの第1法則（電流の法則）

キルヒホッフの第1法則は，任意の節点（接続点）における電流の流入量と流出量の保存則を表している。すなわち

「回路中の任意の一つの節点（node：ノード）において，その点に流入する電流の総和はその点から流出する電流の総和に等しい」

これをキルヒホッフの第1法則（電流の法則）という。このことは**図2.4**に示すように，点Oに流入した電流の総和（I_1+I_2）は，必ず保存されて I_3 として流出する。ここで流入する電流の方向を正（＋），流出する電流の方向を負（－）とすると，式 (2.5) が成立する。

$$I_1 + I_2 - I_3 = 0 \tag{2.5}$$

2. 直流回路の基本法則

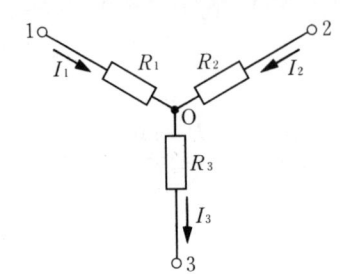

図2.4 キルヒホッフの第1法則
（電流の法則）

[例題] 2.3 図2.5の中の節点（点O）において，I_3を求めよ。

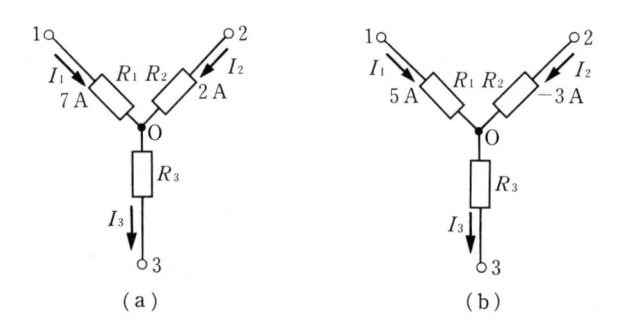

(a)   (b)

図2.5 電 流 の 法 則

[解] 点Oでキルヒホッフの電流の法則を適用する。
(a) $I_3 = I_1 + I_2 = 7\,\text{A} + 2\,\text{A} = 9\,\text{A}$
(b) $I_3 = I_1 + I_2 = 5\,\text{A} + (-3\,\text{A}) = 2\,\text{A}$

ここで$I_2 = -3\,\text{A}$とは，図の中の矢印と反対方向に3Aの電流が流れていることを表している。負（マイナス）の符号は，方向が逆の意味である。

二つの抵抗R_1，R_2が並列に接続された回路に電圧Eを加えたとき，各抵抗に流れる電流I_1，I_2を求めてみよう。

この回路を図2.6に示す。

図の中の点Oでキルヒホッフの電流の法則を適用すると次式となる。

$$I = I_1 + I_2 = \frac{E}{R_1} + \frac{E}{R_2} = E\left(\frac{1}{R_1} + \frac{1}{R_2}\right) \tag{2.6}$$

つぎに回路の**合成抵抗 R_0** は $R_0 = E/I$ より，これに式(2.6)を代入して

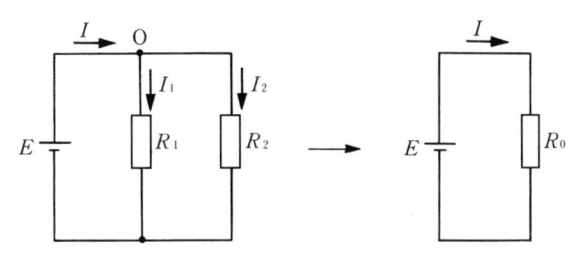

図 2.6　分　流　回　路

$$R_0 = \frac{E}{E\left(\dfrac{1}{R_1}+\dfrac{1}{R_2}\right)} = \frac{1}{\dfrac{1}{R_1}+\dfrac{1}{R_2}} = \frac{R_1 R_2}{R_1 + R_2} \tag{2.7}$$

I_1, I_2 を R_1, R_2 および全体の電流 I で表すには，$I_1 = E/R_1$, $I_2 = E/R_2$ に $E = R_0 I$ および式 (2.7) を代入して

$$I_1 = \frac{E}{R_1} = \frac{R_0 I}{R_1} = \frac{\dfrac{R_1 R_2}{R_1+R_2} I}{R_1} = \frac{R_2}{R_1 + R_2} I$$

$$I_2 = \frac{E}{R_2} = \frac{R_0 I}{R_2} = \frac{\dfrac{R_1 R_2}{R_1+R_2} I}{R_2} = \frac{R_1}{R_1 + R_2} I \tag{2.8}$$

上式の I_1, I_2 の分子に注目してみると，I_1 を求めるときには R_2 が分子に入っている．同様に I_2 の場合は R_1 が分子に入っている．すなわち二つの抵抗が**並列接続** (parallel connection) されているときの各電流は，それぞれの抵抗値に反比例して定まることがわかる．式 (2.8) は**分流の式**と呼ばれ，たいへん便利な式である．

[例題] 2.4　図 2.7 に示す並列回路において，全体の電流が $I = 3$ A のとき各抵抗に流れる電流 I_1, I_2 を求めよ．ただし $R_1 = 2\,\Omega$, $R_2 = 1\,\Omega$ とする．

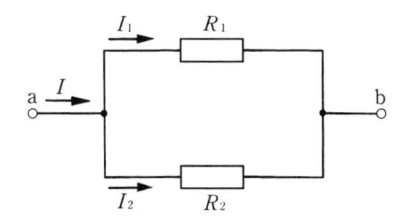

図 2.7　分流回路（分流の式による）

解 式 (2.8) の分流の式を用いる。

$$I_1 = \frac{R_2}{R_1+R_2}I = \frac{1\,\Omega}{2\,\Omega+1\,\Omega}\times 3\,\text{A} = 1\,\text{A} \tag{2.9}$$

$$I_2 = \frac{R_1}{R_1+R_2}I = \frac{2\,\Omega}{2\,\Omega+1\,\Omega}\times 3\,\text{A} = 2\,\text{A} \tag{2.10}$$

まだ電気の計算に不慣れな場合には，上式のように式の中に単位を記入し，さらに $I_1+I_2=1\,\text{A}+2\,\text{A}=3\,\text{A}=I$ の検算を行うことをおすすめする。

[例題] 2.5 図 2.7 に示す並列回路において，$I_1=4\,\text{A}$ のとき I_2 と I を求めよ。ただし，$R_1=3\,\Omega$, $R_2=4\,\Omega$ とする。

解 はじめに並列回路の端子電圧 E が求まると I_2 はオームの法則から求まる。つぎに節点 O でキルヒホッフの電流の法則を適用すると I が求まる。

$$E = I_1R_1 = 4\,\text{A}\times 3\,\Omega = 12\,\text{V} \tag{2.11}$$

$$I_2 = \frac{E}{R_2} = \frac{12\,\text{V}}{4\,\Omega} = 3\,\text{A} \tag{2.12}$$

$$I = I_1+I_2 = 4\,\text{A}+3\,\text{A} = 7\,\text{A} \tag{2.13}$$

一般に n 個の抵抗 $R_1, R_2, R_3, \cdots, R_k, \cdots, R_n$ が並列に接続されているときの合成抵抗 R_0 は次式となる。

$$R_0 = \frac{1}{\dfrac{1}{R_1}+\dfrac{1}{R_2}+\dfrac{1}{R_3}+\cdots+\dfrac{1}{R_k}+\cdots+\dfrac{1}{R_n}} = \frac{1}{\sum_{k=1}^{n}\dfrac{1}{R_k}} \tag{2.14}$$

ここで同じ抵抗 R が n 個並列に接続されている場合の合成抵抗 R_0 は，式 (2.14) から次式となる。

$$R_0 = \frac{R}{n} \tag{2.15}$$

また全体の電流が I のとき，R_k に流れる電流 I_k は次式となる。

$$I_k = \frac{\dfrac{1}{R_k}}{\dfrac{1}{R_1}+\dfrac{1}{R_2}+\dfrac{1}{R_3}+\cdots+\dfrac{1}{R_k}+\cdots+\dfrac{1}{R_n}}I = \frac{\dfrac{1}{R_k}}{\sum_{k=1}^{n}\dfrac{1}{R_k}}I \tag{2.16}$$

同様に，同じ抵抗 R が R 個並列に接続されている場合の各抵抗に流れる電流 I_R は，式 (2.16) から次式となる。

$$I_R = \frac{I}{n} \tag{2.17}$$

2.2.2 キルヒホッフの第 2 法則（電圧の法則）

キルヒホッフの第 2 法則は，任意の閉回路内における電圧の保存則を表している。すなわち

2.2 キルヒホッフの法則

「任意の閉回路内において，端子電圧（電圧降下）の総和は，加えた電圧（印加電圧）の総和に等しい」

これをキルヒホッフの第2法則（電圧の法則）という。このことは**図2.8**に示すように印加電圧 E は，閉回路の中で必ず端子電圧の総和 (E_1+E_2) として保存されることを表している。したがって，次式が成立する。

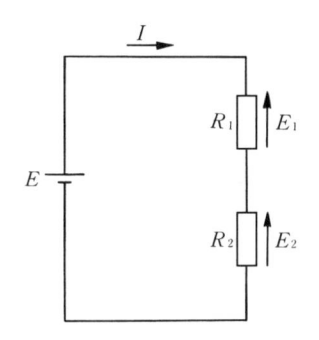

図2.8 キルヒホッフの第2法則（電圧の法則）

$$E=E_1+E_2=IR_1+IR_2=I(R_1+R_2) \tag{2.18}$$

回路に流れる電流 I は，式 (2.18) より

$$I=\frac{E}{R_1+R_2} \tag{2.19}$$

回路の合成抵抗 R_0 は，式 (2.19) より

$$R_0=R_1+R_2 \tag{2.20}$$

ここで各端子電圧 E_1, E_2 をそれぞれの抵抗 R_1, R_2 と印加電圧 E で表すと，つぎのようになる。

$$\begin{aligned} E_1=IR_1=\frac{R_1}{R_1+R_2}E \\ E_2=IR_2=\frac{R_2}{R_1+R_2}E \end{aligned} \tag{2.21}$$

上式の E_1，E_2 の分子に注目すると，E_1 を求める際には R_1 が分子に入っている。すなわち，二つの抵抗が**直列接続**（series connection）されている場合の各端子電圧は，それぞれの抵抗値に比例して定まることがわかる。式 (2.21) は**分圧の式**と呼ばれ，分流の式と同様に便利な式である。

[例題] 2.6 図 2.9 に示す三つの抵抗の直列回路において，回路の合成抵抗 R_0，流れる電流 I および各端子電圧 E_1, E_2, E_3 を求めよ．ただし，$R_1=2\,\Omega$，$R_2=3\,\Omega$，$R_3=5\,\Omega$ とし，印加電圧を $E=10\,\text{V}$ とする．

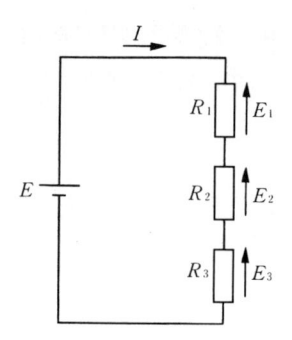

図 2.9 電圧の法則

[解] はじめに合成抵抗 R_0 を求めることにより，電流 I が求まる．つぎに各端子電圧 E_1, E_2, E_3 はオームの法則もしくは分圧の式から求まる．

$$R_0=R_1+R_2+R_3=2\,\Omega+3\,\Omega+5\,\Omega=10\,\Omega \tag{2.22}$$

$$I=\frac{E}{R_0}=\frac{10\,\text{V}}{10\,\Omega}=1\,\text{A} \tag{2.23}$$

$$E_1=IR_1=1\,\text{A}\times 2\,\Omega=2\,\text{V} \tag{2.24}$$

$$E_2=IR_2=1\,\text{A}\times 3\,\Omega=3\,\text{V} \tag{2.25}$$

$$E_3=IR_3=1\,\text{A}\times 5\,\Omega=5\,\text{V} \tag{2.26}$$

[別解] E_1, E_2, E_3 を分圧の式から求める場合は次式を用いる．

$$E_1=\frac{R_1}{R_1+R_2+R_3}E,\quad E_2=\frac{R_2}{R_1+R_2+R_3}E,\quad E_3=\frac{R_3}{R_1+R_2+R_3}E \tag{2.27}$$

つぎに電池（電源）の内部抵抗による電圧降下について考えてみよう．電池は，起電力 E と小さい値の**内部抵抗**（internal resistance）r の直列接続で表すことができる．図 2.10 に示す電池の端子 a～b 間に抵抗 R を接続したとき，

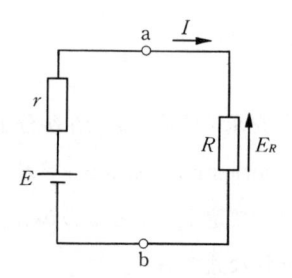

図 2.10 電池の内部抵抗による電圧降下

抵抗の端子電圧 E_R を分圧の式を用いて求めると次式となる。

$$E_R = E - rI = IR = \frac{R}{r+R} E \tag{2.28}$$

すなわち，電池に抵抗を接続すると抵抗（電池）の端子電圧 E_R は，内部抵抗のために起電力 E よりも低下することがわかる。

[例題] 2.7 起電力が $E=1.5$ V の電池に $1.4\,\Omega$ の抵抗 R を接続したとき，抵抗の端子電圧 E_R を求めよ。ただし，電池の内部抵抗 r を $0.1\,\Omega$ とする。

[解] 式 (2.28) を用いる。

$$E_R = \frac{R}{r+R} E = \frac{1.4\,\Omega}{0.1\,\Omega + 1.4\,\Omega} \times 1.5\,\text{V} = 1.4\,\text{V} \tag{2.29}$$

すなわち，電池の内部抵抗による 0.1 V の電圧降下のために，抵抗の両端には，電池の電圧 1.5 V より低い 1.4 V が生じている。

演習問題

（1）抵抗 R_1, R_2, R_3 が3個並列に接続されている回路で，全体の電流を I とすると，各抵抗に流れる電流 I_1, I_2, I_3 を求めよ。

（2）抵抗 R_1, R_2 を直列接続したら合成抵抗が $100\,\Omega$ になった。また並列接続したら合成抵抗が $24\,\Omega$ になった。R_1 と R_2 の大きさを求めよ。

（3）図 2.11 に示す回路において，流れる電流 I と各端子電圧 E_{R1}, E_{R2} を求めよ。ただし，$E_1=20$ V，$E_2=5$ V，$E_3=10$ V および $R_1=20\,\Omega$，$R_2=30\,\Omega$ とする。

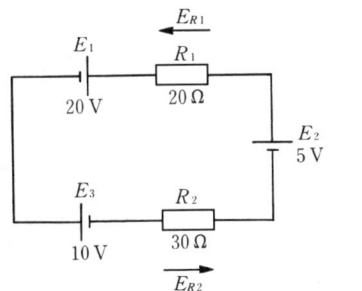

図 2.11

（4）起電力が $E=6$ V のバッテリに $R=1\,\Omega$ の抵抗を接続したところ，$1\,\Omega$ の端子電圧は $E_R=5$ V であった。$1\,\Omega$ に流れる電流 I とバッテリの内部抵抗 r を求めよ。

3 直流基礎回路

本章では，抵抗の直列回路と並列回路が混在する基本的な直流回路において，オームの法則やキルヒホッフの法則を用いる実際の計算法について述べる。

3.1 電流計と電圧計のスケールの構成（分流器と分圧器の原理）

アナログ式の指示形直流電流計や電圧計の**フルスケール**（full scale：最大目盛）を必要に応じて変更し，電流や電圧の大きさを広い範囲で測定する方法について学ぶ。

具体的には，フルスケール $100\,\mu\mathrm{A}$ の電流計をフルスケール $1\,\mathrm{mA}$ などの電流計に変更したり，またはフルスケール $10\,\mathrm{V}$ などの電圧計に変更するときの，分流器と分圧器の抵抗の決め方について述べる。

参考までにアナログ式とディジタル式の計器の一例を図 3.1 に示す。

図 3.1 アナログ式（左）とディジタル式（右）の計器
（交流 100 V の測定例）

3.1 電流計と電圧計のスケールの構成（分流器と分圧器の原理）

3.1.1 電流計のスケールの構成

電流計や電圧計は，測定範囲を示すフルスケールと内部抵抗で表現できる．電流計において，そのフルスケール I_A よりさらに大きな電流 I が測定できるようにするためには，図 3.2 に示すように内部抵抗 r_a の電流計 A と並列に**分流抵抗（分流器）r_s を接続する**．

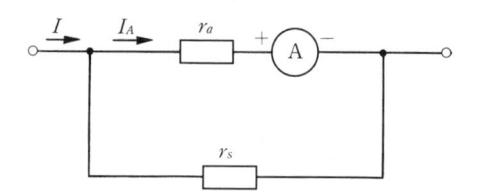

図 3.2 電流計のスケール構成の原理

ここで分流抵抗には，$I-I_A$ が流れ，さらに電流計と分流抵抗の端子電圧が等しいことから

$$r_a I_A = r_s (I - I_A)$$

上式から全電流 I を求めると

$$I = I_A \left(1 + \frac{r_a}{r_s}\right) \tag{3.1}$$

すなわち，I は I_A の $(1+r_a/r_s)$ 倍となる．**このことは，内部抵抗 r_a より小さい分流抵抗 r_s を電流計と並列に接続することにより，電流計のフルスケールが $(1+r_a/r_s)$ 倍に拡大できることになる．**

そのときの分流抵抗 r_s を求めると次式となる．

$$r_s = \frac{r_a I_A}{I - I_A} \tag{3.2}$$

例題 3.1 フルスケールが $I_A = 100\,\mu\mathrm{A}$ で内部抵抗が $r_a = 1\,\mathrm{k}\Omega$ の直流電流計のスケールを $I = 1\,\mathrm{mA}$ まで拡大したい．分流抵抗 r_s を求めよ．

解 式 (3.2) にそれぞれの値を代入して r_s を求めてもよいが，ここでは電流計の端子電圧 E_a を求めてから r_s を求める．

$$E_a = I_A r_a = 0.1\,\mathrm{mA} \times 1\,\mathrm{k}\Omega = 0.1\,\mathrm{V} \tag{3.3}$$

$$r_s = \frac{E_a}{I - I_A} = \frac{0.1\,\mathrm{V}}{1\,\mathrm{mA} - 0.1\,\mathrm{mA}} = \frac{0.1\,\mathrm{V}}{0.9\,\mathrm{mA}} \cong 111\,\Omega \tag{3.4}$$

電流計のフルスケールを 100 μA から 1 mA に拡大することは，具体的には電流計と並列に分流抵抗 $r_s=111\,\Omega$ を接続し，さらに図 3.3 に示すようにスケールを図 (a) から図 (b) に書き換えることによって行える。

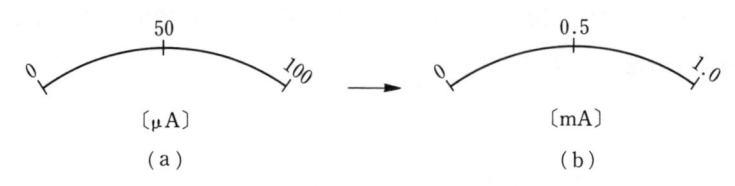

図 3.3 電流計のスケールの構成

問 3.1 フルスケールが $I_A=10\,\mathrm{mA}$ で内部抵抗が $r_a=10\,\Omega$ の直流電流計のスケールを $I=30\,\mathrm{mA}$ まで拡大したい。分流抵抗 r_s を求めよ。

解 $r_s=\dfrac{r_a I_A}{I-I_A}=5\,\Omega$

例題 3.2 図 3.4 に示すようにフルスケール 10 A の二つの直流電流計 A_1，A_2 を並列接続して，15 A まで測定できるようにしたい。A_1，A_2 の内部抵抗をそれぞれ $r_1=0.1\,\Omega$，$r_2=0.05\,\Omega$ とするとき，それぞれの電流計の指示値 I_1，I_2 を求めよ。

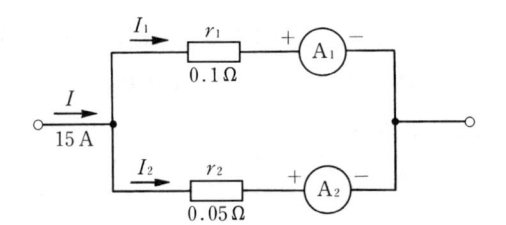

図 3.4 A_1 と A_2 の電流計の指示

解 式 (2.8) の分流の式を用いる。

$$I_1=\frac{r_2}{r_1+r_2}I=\frac{0.05\,\Omega}{0.1\,\Omega+0.05\,\Omega}\times 15\,\mathrm{A}=5\,\mathrm{A} \tag{3.5}$$

$$I_2=\frac{r_1}{r_1+r_2}I=\frac{0.1\,\Omega}{0.1\,\Omega+0.05\,\Omega}\times 15\,\mathrm{A}=10\,\mathrm{A} \tag{3.6}$$

3.1.2 電圧計のスケールの構成

電流計を電圧計として使用するためには，図 3.5 に示すように内部抵抗 r_a

3.1 電流計と電圧計のスケールの構成（分流器と分圧器の原理）

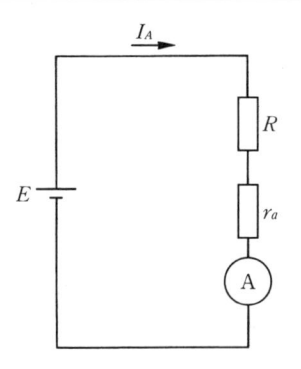

図 3.5 電圧計のスケール構成の原理

の電流計と直列に**分圧抵抗（分圧器）** R を接続する。ここで電流計のフルスケールを I_A とおくと，この回路に測定電圧 E を印加したとき電流計が I_A を指示するように分圧抵抗 R を決めると，フルスケール I_A の電流計がフルスケール E の電圧計に変換できることになる。以下に分圧抵抗 R を求める。

キルヒホッフの電圧の法則より

$$E = I_A(R + r_a) = I_A R + I_A r_a \tag{3.7}$$

上式から R を求めると

$$R = \frac{E - I_A r_a}{I_A} \tag{3.8}$$

また式 (3.7) の中の $I_A r_a$ は電流計のフルスケール時の端子電圧 E_a なので，これをフルスケール E_a の電圧計とみなして E を E_a で表すと

$$E = E_a\left(1 + \frac{R}{r_a}\right) \tag{3.9}$$

すなわち E は E_a の $(1 + R/r_a)$ 倍となることがわかる。**したがって，r_a より大きい分圧抵抗 R を電流計と直列に接続することにより，E_a に相当する電流計のフルスケールが電圧計として $(1 + R/r_a)$ 倍に拡大できることになる。**

例題 3.3 内部抵抗が $r_a = 1\,\text{k}\Omega$ でフルスケールが $I_A = 100\,\mu\text{A}$ の直流電流計がある。これをフルスケールが $E = 10\,\text{V}$ の直流電圧計にするためには，分圧抵抗 R をいくらにしたらよいか。

解 式 (3.8) を記憶していなくとも解けるように，ここでは電流計の端子電圧

E_a を求めて,さらに R の端子電圧 E_R を求める方法で行う.
$$E_a = I_A r_a = 0.1\,\mathrm{mA} \times 1\,\mathrm{k\Omega} = 0.1\,\mathrm{V} \tag{3.10}$$
$$E_R = E - E_a = 10\,\mathrm{V} - 0.1\,\mathrm{V} = 9.9\,\mathrm{V} \tag{3.11}$$
ここで $E_R = I_A R$ よりこれから R を求めると
$$R = \frac{E_R}{I_A} = \frac{9.9\,\mathrm{V}}{0.1\,\mathrm{mA}} = 99\,\mathrm{k\Omega} \tag{3.12}$$

フルスケール $100\,\mu\mathrm{A}$ の電流計からフルスケール $10\,\mathrm{V}$ の電圧計を得るには,電流計と直列に分圧抵抗 $R=99\,\mathrm{k\Omega}$ を接続し,さらに図 3.6 に示すようにスケールを図 (a) から図 (b) に書き換えることによって行える.

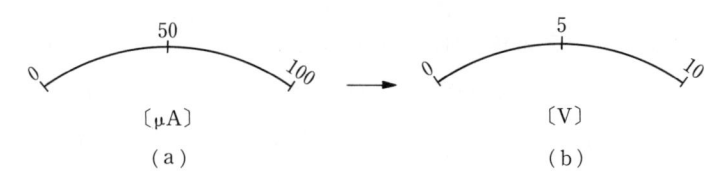

図 3.6 電圧計のスケールの構成

[例題] 3.4 内部抵抗が $r_a = 10\,\mathrm{k\Omega}$ でフルスケールが $E_A = 10\,\mathrm{V}$ の直流電圧計がある.これをフルスケールが $E = 100\,\mathrm{V}$ の直流電圧計にするためには,電圧計と直列に接続する分圧抵抗 R をいくらにしたらよいか.

[解] 電圧計のスケールを $10\,\mathrm{V}$ から $100\,\mathrm{V}$ に拡大する例題である.
電圧計が $10\,\mathrm{V}$ 指示したときの回路に流れる電流 I_A は
$$I_A = \frac{E_A}{r_a} = \frac{10\,\mathrm{V}}{10\,\mathrm{k\Omega}} = 1\,\mathrm{mA} \tag{3.13}$$
また,$E = 100\,\mathrm{V}$ 印加したときの R の端子電圧 E_R は
$$E_R = E - E_A = 100\,\mathrm{V} - 10\,\mathrm{V} = 90\,\mathrm{V} \tag{3.14}$$
ここで,$E_R = I_A R$ より R を求めると
$$R = \frac{E_R}{I_A} = \frac{90\,\mathrm{V}}{1\,\mathrm{mA}} = 90\,\mathrm{k\Omega} \tag{3.15}$$

[問] 3.2 フルスケールが $200\,\mathrm{V}$ の二つの電圧計 V_1,V_2 を直列接続して,$E = 300\,\mathrm{V}$ まで測定したい.それぞれの電圧計の内部抵抗 r_1,r_2 が $r_1 = 200\,\mathrm{k\Omega}$,$r_2 = 300\,\mathrm{k\Omega}$ のとき,電圧計の指示 E_1,E_2 を求めよ.

[解] 分圧の式を用いて
$$E_1 = \frac{r_1 E}{r_1 + r_2} = 120\,\mathrm{V},\quad E_2 = \frac{r_2 E}{r_1 + r_2} = 180\,\mathrm{V}$$

3.2 直並列回路

複数の抵抗からなる直並列回路の代表的な基本回路を図 3.7 に示す。**複雑な直並列回路においても図に示した基本回路の集合とみなせる**ので，この基本回路に対するオームの法則やキルヒホッフの法則の適用法を理解することで十分対応できる。

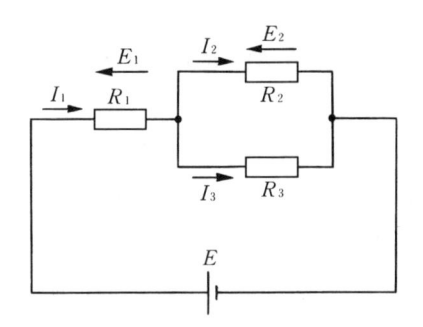

図 3.7 基本的な直並列回路

上記基本回路の合成抵抗 R_0, 流れる各電流 I_1, I_2, I_3 および各端子電圧 E_1, E_2 を求めて，キルヒホッフの法則が成立していることを確認してみよう。

回路の合成抵抗 R_0 は，R_1 と R_2, R_3 の並列抵抗 $R_2R_3/(R_2+R_3)$ との和になるので

$$R_0 = R_1 + \frac{R_2R_3}{R_2+R_3} \tag{3.16}$$

全体の電流 I_1 はオームの法則から $I_1=E/R_0$ となり，さらに I_2, I_3 はキルヒホッフの分流の式を用いて

$$I_1 = \frac{E}{R_0} = \frac{E}{R_1+\dfrac{R_2R_3}{R_2+R_3}} = \frac{R_2+R_3}{R_1R_2+R_2R_3+R_3R_1}E$$

$$I_2 = \frac{R_3}{R_2+R_3}I_1 = \frac{R_3}{R_2+R_3}\cdot\frac{E}{R_1+\dfrac{R_2R_3}{R_2+R_3}} = \frac{R_3}{R_1R_2+R_2R_3+R_3R_1}E$$

$$I_3 = \frac{R_2}{R_2+R_3} I_1 = \frac{R_2}{R_2+R_3} \cdot \frac{E}{R_1 + \frac{R_2 R_3}{R_2+R_3}} = \frac{R_2}{R_1 R_2 + R_2 R_3 + R_3 R_1} E$$

(3.17)

各端子電圧は，$E_1 = I_1 R_1 = E - E_2$，$E_2 = I_2 R_2 = I_3 R_3$ となる。ここでは $E_1 = I_1 R_1$，$E_2 = I_2 R_2$ を用いて求める。

$$E_1 = I_1 R_1 = \frac{(R_2+R_3)E}{R_1 R_2 + R_2 R_3 + R_3 R_1} R_1 = \frac{R_1(R_2+R_3)}{R_1 R_2 + R_2 R_3 + R_3 R_1} E$$

$$E_2 = I_2 R_2 = \frac{R_3 E}{R_1 R_2 + R_2 R_3 + R_3 R_1} R_2 = \frac{R_2 R_3}{R_1 R_2 + R_2 R_3 + R_3 R_1} E$$

(3.18)

したがって，式 (3.17) から $I_1 = I_2 + I_3$ の電流の法則，さらに式 (3.18) から $E = E_1 + E_2$ の電圧の法則がそれぞれ満たされていることがわかる。

[例題] 3.5 図 3.8 に示す直並列回路において，流れる各電流 I_1，I_2，I_3，I_4，I と各端子電圧 E_1，E_2 を求めよ。ただし，$R_1 = 16\,\Omega$，$R_2 = 40\,\Omega$，$R_3 = 60\,\Omega$，$R_4 = 8\,\Omega$，$E = 40\,\text{V}$ とする。

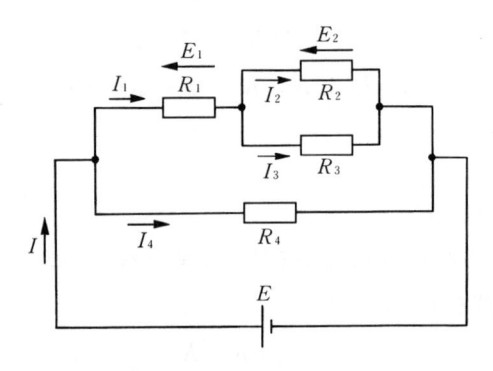

図 3.8 直並列回路

[解] I_1 が流れる回路の合成抵抗 R_{01} が求まるとオームの法則から I_1 が求まり，I_2，I_3 は分流の式から求まる。I_4，I および E_1，E_2 はオームの法則から求まる。

$$I_1 = \frac{E}{R_{01}} = \frac{40\,\text{V}}{16\,\Omega + \frac{40\,\Omega \times 60\,\Omega}{40\,\Omega + 60\,\Omega}} = \frac{40\,\text{V}}{16\,\Omega + 24\,\Omega} = 1\,\text{A} \qquad (3.19)$$

3.2 直並列回路

$$I_2 = \frac{R_3}{R_2+R_3} I_1 = \frac{60\ \Omega}{40\ \Omega + 60\ \Omega} \times 1\ \text{A} = 0.6\ \text{A} \tag{3.20}$$

$$I_3 = \frac{R_2}{R_2+R_3} I_1 = \frac{40\ \Omega}{40\ \Omega + 60\ \Omega} \times 1\ \text{A} = 0.4\ \text{A} \tag{3.21}$$

$$I_4 = \frac{E}{R_4} = \frac{40\ \text{V}}{8\ \Omega} = 5\ \text{A} \tag{3.22}$$

$$I = I_1 + I_4 = 1\ \text{A} + 5\ \text{A} = 6\ \text{A} \tag{3.23}$$

$$E_1 = I_1 R_1 = 1\ \text{A} \times 16\ \Omega = 16\ \text{V} \tag{3.24}$$

$$E_2 = I_2 R_2 = 0.6\ \text{A} \times 40\ \Omega = 24\ \text{V} \tag{3.25}$$

【例題】**3.6** 図 3.9 に示す直並列回路において，以下の問に答えよ．

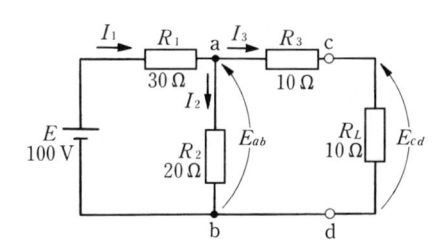

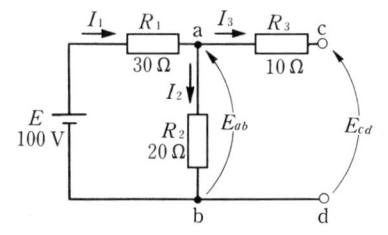

図 3.9 例題 3.6 の直並列回路

（a） c〜d 間に R_L を接続したとき
（b） c〜d 間を開放して R_L を取り外したとき

(a) 図 (a) の c〜d 間に R_L を接続したときの E_{ab}, E_{cd} を求めよ．
(b) 図 (b) の c〜d 間から R_L を取り外したときの E_{ab}, E_{cd} を求めよ．

解 はじめに回路の合成抵抗 R_0 を求める．つぎに各抵抗に流れる電流 I_1, I_2, I_3 を求めることにより各端子電圧 E_{ab}, E_{cd} が求まる．

(a) 図 (a) より

$$R_0 = R_1 + \frac{R_2(R_3+R_L)}{R_2+(R_3+R_L)} = 30\ \Omega + \frac{20\ \Omega\ (10\ \Omega + 10\ \Omega)}{20\ \Omega + (10\ \Omega + 10\ \Omega)} = 40\ \Omega \tag{3.26}$$

$$I_1 = \frac{E}{R_0} = \frac{100\ \text{V}}{40\ \Omega} = 2.5\ \text{A} \tag{3.27}$$

ここで $R_2 = R_3 + R_L = 20\ \Omega$ なので，式 (2.17) から $I_2 = I_3 = I_1/2$ となる．

$$I_2 = I_3 = \frac{I_1}{2} = \frac{2.5\ \text{A}}{2} = 1.25\ \text{A} \tag{3.28}$$

$$E_{ab} = I_2 R_2 = 1.25\ \text{A} \times 20\ \Omega = 25\ \text{V} \tag{3.29}$$

$$E_{cd} = I_3 R_L = 1.25\ \text{A} \times 10\ \Omega = 12.5\ \text{V} \tag{3.30}$$

(b) 図 (b) より c〜d 間は開放されているので $I_3 = 0$ となる．そのためオームの法則より R_3 の電圧降下が $I_3 R_3 = 0$ となり，点 a と点 c の電圧が等しいことから

$E_{ab}=E_{cd}$ となる。

分圧の式を用いて

$$E_{ab}=E_{cd}=\frac{R_2}{R_1+R_2}E=\frac{20\ \Omega}{30\ \Omega+20\ \Omega}\times 100\ \text{V}=40\ \text{V} \tag{3.31}$$

[例題] 3.7 図 3.10 に示す回路において，a〜b 間の合成抵抗 R_0 が 40 Ω になるためには，R の値をいくらにしたらよいか求めよ。

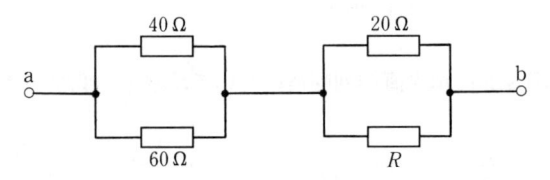

図 3.10 直並列回路の応用

[解] 合成抵抗 R_0 を求め，$R_0=40$ Ω とおいたときの R を求める。式を変形する際，単位は省略する。

$$R_0=\frac{40\times 60}{40+60}+\frac{20R}{20+R}=24+\frac{20R}{20+R}=40\ \Omega \tag{3.32}$$

式 (3.32) から R について解くと

$$\frac{20R}{20+R}=16$$
$$16(20+R)=20R$$
$$4R=320$$
$$\therefore\ R=80\ \Omega \tag{3.33}$$

演 習 問 題

（1） フルスケールが $I_A=100$ μA で内部抵抗が $r_a=1$ kΩ の直流電流計のスケールを $I=20$ mA まで拡大したい。分流抵抗 r_s を求めよ。

（2） 内部抵抗が $r_a=50$ kΩ でフルスケールが $E_A=100$ V の直流電圧計がある。これをフルスケールが $E=1\ 000$ V の直流電圧計にするためには，電圧計と直列に接続する分圧抵抗 R をいくらにしたらよいか。

（3） 図 3.7 に示す直並列回路において，$R_1=40$ Ω，$R_2=100$ Ω，$R_3=150$ Ω，$E=10$ V のとき，合成抵抗 R_0，流れる各電流 I_1，I_2，I_3 および各端子電圧 E_1，E_2 を求めよ。

（4） 図 3.11 に示す直並列回路において合成抵抗 R_0，流れる各電流 I，I_1，I_2，I_3，

演 習 問 題　25

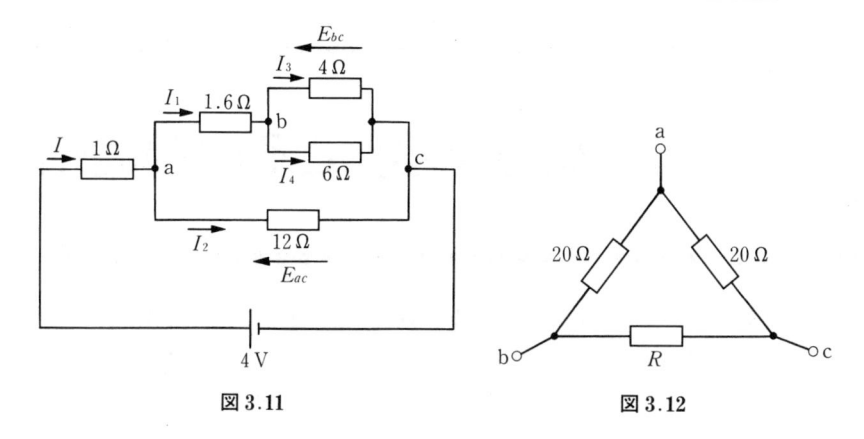

図 3.11

図 3.12

I_4 および各端子電圧 E_{ac}, E_{bc} を求めよ。

(5) 図 3.12 に示す回路において，a～b 間の合成抵抗 R_0 が 16 Ω になるためには，R の値をいくらにしたらよいか求めよ。

(6) 図 3.13(a), (b)に示す回路において，抵抗 R に流れる電流 I がいずれも等しい。このときの抵抗 R を求めよ。

(7) フルスケールが 200 V と 300 V で内部抵抗がそれぞれ 200 kΩ と等しい 2 個の直流電圧計がある。この電圧計を直列接続したときに測定できる最大電圧を求めよ。またこれに 500 V の電圧を印加したとき，いずれかの電圧計に分流抵抗を並列に入れて両方ともフルスケールを指示させたい。分流抵抗を入れる電圧計と分流抵抗 r_s の大きさを求めよ。

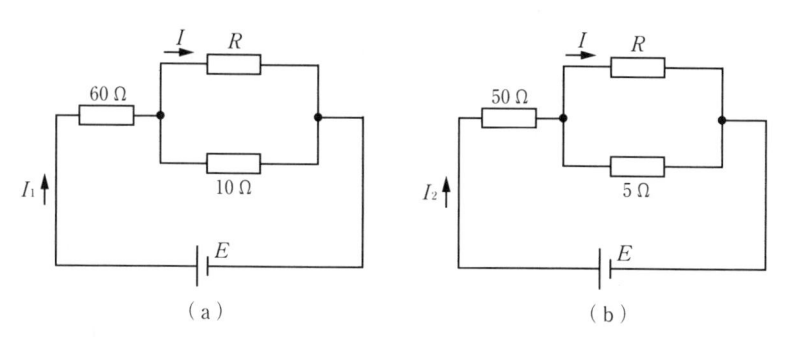

図 3.13

4 複雑な直流回路とその簡略化

複雑な回路においても，**回路の簡略化（単純化）**を行うと短時間に回路の合成抵抗，流れる電流および端子電圧を求めることができる。本章では，ブリッジ回路の平衡条件をはじめ複雑な回路のおもな簡略化法について述べる。

4.1 直流ブリッジ

4個の抵抗 R_A, R_B, R_C, R_D を図 4.1 に示すように接続し，c～d 間に微小電流が測定できる電流計すなわち**検流計 G**（galvanometer）とスイッチ S を接続する。さらに a～b 間には，電圧 E を印加する。このような回路を**ブリッジ回路**（bridge circuit）という。

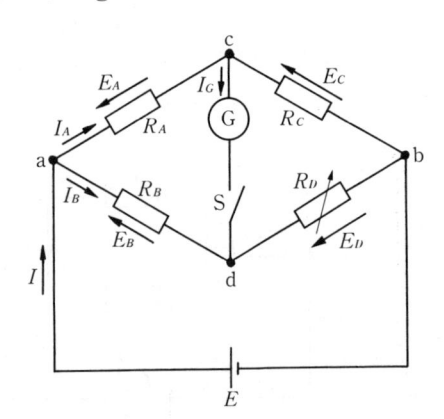

図 4.1 直流ブリッジの原理

ここで R_C は抵抗値のわかっていない未知抵抗，R_D は検流計に流れる電流 I_G が零になるように調節する可変抵抗，R_A と R_B は抵抗値のわかっている既知抵抗とする。図 4.2 に可変抵抗の例を示す。

上段は可変抵抗器で，左からポテンショメータおよび
炭素皮膜系の可変抵抗
下段は半固定抵抗器で，炭素皮膜系（左）およびサーメット系のトリマ（右）

図 4.2　可変抵抗の外観例

つぎにブリッジの平衡条件と未知抵抗 R_C を求めてみよう．スイッチ S を ON（閉じる）にし，R_D を調節して $I_G=0$ になったとき，すなわち点 c と点 d の電位が等しくなったときにブリッジは**平衡**（balance）したという．このとき R_A と R_C の直列回路には電流 I_A が流れ，R_B と R_D の直列回路には電流 I_B が流れたとする．

平衡したときの抵抗の各端子電圧は，$E_A=E_B$，$E_C=E_D$ から次式となる．

$$I_A R_A = I_B R_B \tag{4.1}$$

$$I_A R_C = I_B R_D \tag{4.2}$$

それぞれ辺々どうしで，式（4.1）を式（4.2）で割ると

$$\frac{R_A}{R_C} = \frac{R_B}{R_D}$$

$$R_B R_C = R_A R_D \tag{4.3}$$

$$\therefore \quad R_C = \frac{R_A R_D}{R_B} \tag{4.4}$$

式 (4.3) は，対辺の積が等しいことを表している。この式をブリッジの平衡条件という。すなわちブリッジが平衡すると，図4.1から点cと点dの電位が等しくなり $I_G=0$ となる。このことは**ブリッジが平衡するとスイッチSのON-OFFに関係なく，a〜b間の合成抵抗が一定となることから全電流 I は一定値となる。**

またこのブリッジの平衡条件の原理を応用して，未知抵抗の測定に用いられる代表的な直流ブリッジとして，**ホイートストンブリッジ**（Wheatstone bridge）がある。

[例題] 4.1 図4.1に示すブリッジ回路において，$R_A=1\,\text{k}\Omega$，$R_B=2\,\text{k}\Omega$，$R_C=3\,\text{k}\Omega$，$R_D=3\,\text{k}\Omega$ および $E=20\,\text{V}$ のとき，以下の問に答えよ。

(a) 抵抗の各端子電圧 E_C, E_D と点dからみた点cの電圧 E_{cd} を求めよ。

(b) 抵抗 R_D を可変抵抗にして，変化させたらブリッジの平衡がとれた。このときの R_D の値を求めよ。

[解] E_C, E_D は分圧の式から求め，E_{cd} は $E_{cd}=E_C-E_D$ から求める。R_D はブリッジの平衡条件から求める。

(a)

$$E_C = \frac{R_C}{R_A+R_C}E = \frac{3\,\text{k}\Omega}{1\,\text{k}\Omega+3\,\text{k}\Omega}\times 20\,\text{V} = 15\,\text{V} \tag{4.5}$$

$$E_D = \frac{R_D}{R_B+R_D}E = \frac{3\,\text{k}\Omega}{2\,\text{k}\Omega+3\,\text{k}\Omega}\times 20\,\text{V} = 12\,\text{V} \tag{4.6}$$

$$E_{cd} = E_C - E_D = 15\,\text{V} - 12\,\text{V} = 3\,\text{V} \tag{4.7}$$

(b)

$$1\,\text{k}\Omega \times R_D = 2\,\text{k}\Omega \times 3\,\text{k}\Omega$$

$$\therefore\ R_D = \frac{2\,\text{k}\Omega \times 3\,\text{k}\Omega}{1\,\text{k}\Omega} = 6\,\text{k}\Omega \tag{4.8}$$

[例題] 4.2 図4.3（a）に示すブリッジ回路において，端子a〜bからみた合成抵抗 R_0 を求めよ。

[解] ブリッジが平衡していることに注目する。平衡時におけるc〜d間の5Ωの抵抗は，c〜d間から切り離して**開放**（open），またはc〜d間を導線で接続して**短絡**（short，ショート）のどちらでも結果は同じになる。ここでは5Ωを開放して，図4.3の（b）→（c）→（d）の順に回路を簡略化することにより $R_0=2.5\,\Omega$ が得られる。

4.1 直流ブリッジ   29

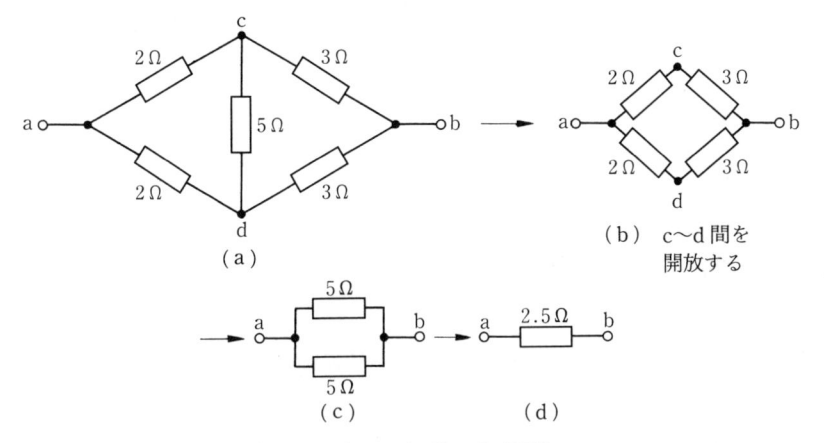

図 4.3 ブリッジ回路の合成抵抗

[例題] 4.3 図 4.4 に示すブリッジ回路でスイッチ S を ON-OFF しても全電流 I が 25 A 一定のとき，R_3, R_4 を求めよ。

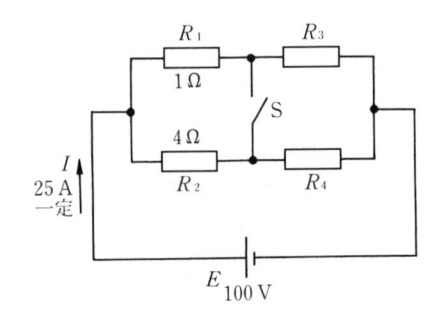

図 4.4 ブリッジ回路の応用

[解] スイッチ S を ON-OFF しても全電流 I が一定であることから，このブリッジが平衡していることに注目する。
ブリッジの平衡条件から
$$R_4 = 4R_3 \tag{4.9}$$
合成抵抗 R_0 は
$$R_0 = \frac{100}{25} = 4\ \Omega \tag{4.10}$$
スイッチを ON にしたときの合成抵抗 R_0 は，式 (4.10) と等しいので整理して
$$R_0 = \frac{1 \times 4}{1+4} + \frac{R_3 R_4}{R_3 + R_4} = \frac{4}{5} + \frac{R_3 R_4}{R_3 + R_4} = 4$$
$$\frac{R_3 R_4}{R_3 + R_4} = \frac{16}{5} \tag{4.11}$$

式 (4.11) に式 (4.9) の $R_4=4\,R_3$ を代入して整理し，R_3 を求めると

$$\frac{R_3 \times 4\,R_3}{R_3 + 4\,R_3} = \frac{16}{5}$$

∴ $R_3 = 4\,\Omega$ (4.12)

式 (4.9) に式 (4.12) を代入して R_4 を求めると

∴ $R_4 = 4\,R_3 = 4 \times 4 = 16\,\Omega$ (4.13)

4.2 対 称 回 路

複雑な回路を簡略化する際，回路の対称性が利用できると，その回路の合成抵抗をはじめ電流や端子電圧などを簡単に求めることができる。

図 4.5 (a) に示す一辺が抵抗 R からなる回路において，a～b 間の合成抵抗 R_0 を求めてみよう。回路が複雑な場合の合成抵抗の求め方としては，つぎの方法がしばしば用いられる。すなわち回路に電圧 E を印加して流れる電流 I がわかると，オームの法則から合成抵抗は $R_0 = E/I$ と求まる。

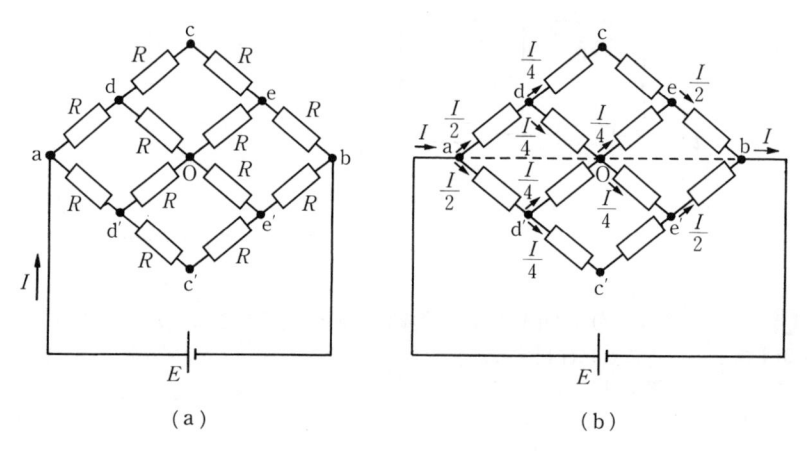

(a)   (b)

図 4.5　一辺がすべて R の回路

はじめに回路の電流分布を求めてみよう。図 (a) の a～b 間に対角線を引き，**対角線を折り目にして上側と下側の回路を重ねてみると，d と d′，c と c′，e と e′ の各点と各抵抗値がすべて同一に重なることがわかる。このような回路を対称回路**（symmetrical circuit）というが，その電流分布は図 (b)

に示すように，電流 I が点 a で等しく $I/2$ ずつ，さらに点 d，点 d' で等しく $I/4$ ずつに分流する．合成抵抗を求めるために閉回路 a → d → c' → e' → b において，電圧の法則を適用すると次式となる．

$$E = \frac{I}{2}R + \frac{I}{4}R + \frac{I}{4}R + \frac{I}{2}R = \frac{3}{2}IR \tag{4.14}$$

したがって，合成抵抗 R_0 は，$R_0 = E/I$ より

$$R_0 = \frac{E}{I} = \frac{\frac{3}{2}IR}{I} = \frac{3}{2}R \tag{4.15}$$

ここで点 O の電流分布を考えると，点 O には等しく $I/4$ ずつの電流が流入し，さらに点 O から等しく $I/4$ ずつの電流が流出している．このことは図 4.6 (a) に示すように点 O を切り離しても全体の電流分布に影響を与えないことがわかる．すなわち，**対称回路における対角線上の結び目は切り離してよい**ことになる．

この方法で回路の上半分を図の (b) → (c) → (d) → (e) に示すように簡略

(a)

(b) 上半分の回路

(c)　　　　(d)　　　　(e)　　(f) 上下全体の合成抵抗 R_0

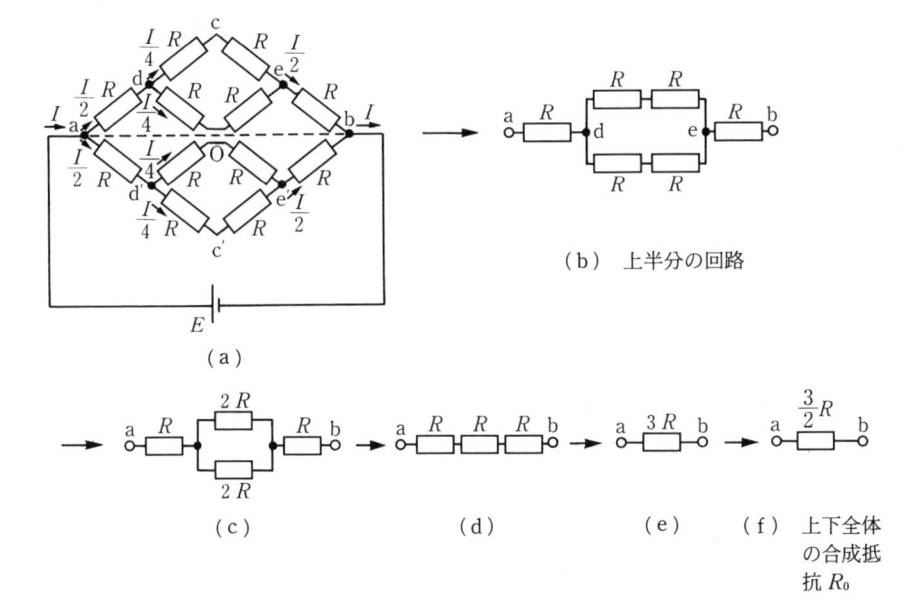

図 4.6　対称回路による簡略化

化すると，合成抵抗は $3R$ となる。上下全体の合成抵抗 R_0 は図の（f）のように $1/2$ を乗じて $3R/2$ となり，オームの法則から求めた式（4.15）と同一の結果となる。

[例題] 4.4　図 4.7 に示す回路において，a〜b 間の合成抵抗 R_0 を求めよ。

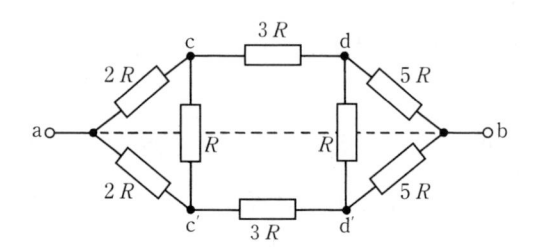

図 4.7　同電位点法

[解]　a〜b 間に対角線を引き上下で折り返すと，c〜c′ と d〜d′ 間の抵抗 R を除いて対称回路になっている。ここで c と c′ の電位が等しく，さらに d と d′ の電位が等しいので，c〜c′ 間と d〜d′ 間の抵抗 R には電流が流れない。したがって，それぞれの抵抗 R を開放もしくは短絡しても回路の合成抵抗にはなんら影響を与えないことがわかる。

はじめに抵抗 R を開放した場合で解くと，図 4.8 の（a）→（b）のように簡略化して $R_0 = 5R$ となる。つぎに抵抗 R を短絡した場合で解くと，図 4.9 の（a）→（b）→（c）のように簡略化して，抵抗 R を開放した場合と同様に $R_0 = 5R$ と求ま

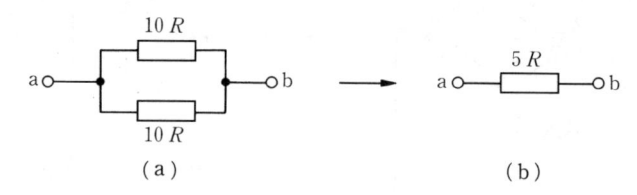

図 4.8　抵抗 R を開放する場合

図 4.9　抵抗 R を短絡する場合

る。このように同じ電位（電圧）の点を開放もしくは短絡して解く方法を**同電位点法**という。

[例題] 4.5 図 4.10 に示す一辺の抵抗が R の立方体において，a～b 間の合成抵抗 R_0 を求めよ。

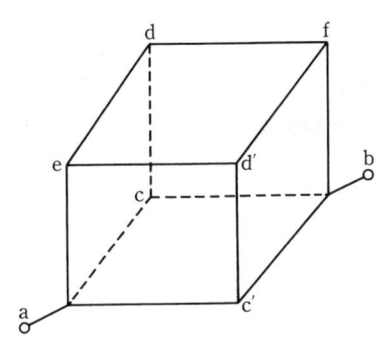

図 4.10 立方体の合成抵抗

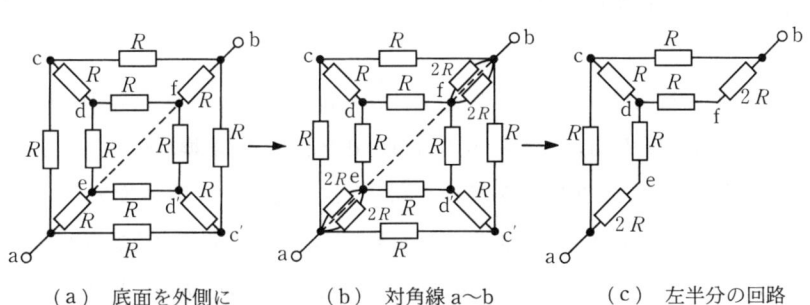

(a) 底面を外側に引張って上からみる

(b) 対角線 a～b で対称回路

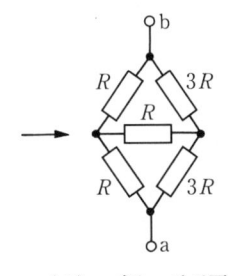

(c) 左半分の回路

(d) ブリッジが平衡しているので R を開放

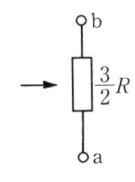

(e) 左半分の合成抵抗

(f) 左右全体の合成抵抗 R_0

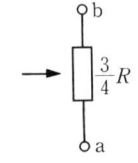

図 4.11 対称回路による解法

解 図4.10において，底面acbc'をそれぞれ外側に引っ張って上面から全体を見ると図 **4.11**（a）のようになる。つぎに a～e 間と f～b 間の抵抗 R を図（b）のように $2R$ の並列接続にすると対角線 a～b 間で対称回路となるので，結び目 a, e, f, b を切り離した左半分の回路は図（c）となる。これを図の（d）→（e）のように簡略化すると，左右全体の合成抵抗 R_0 は図（f）に示すように $R_0 = 3R/4$ となる。

対称回路を簡略化する際のポイントとして，以下の二つがあげられる。
（1） 上下もしくは左右のいずれかが対称なのか見分け，対角線上の結び目を切り離してより簡略化する。
（2） 同じ電位（電圧）の点をみつけて，その点を開放もしくは短絡して解く同電位点法を用いる。

4.3 Δ-Y 変換回路

複雑な回路を簡略化する際，ブリッジが平衡してなかったり回路の対称性が使用できない場合には，つぎに示す **Δ-Y**（delta-star）**変換**が有効となる。

図 **4.12** に示す図（a）の Δ 接続を図（b）の Y 接続に**等価変換**してみよう。ここでおたがいが等価であるための条件は，各端子間の合成抵抗が等しいということになる。そのため Y 接続の未知抵抗 R_1, R_2, R_3 を Δ 接続の既知抵抗 R_{12}, R_{23}, R_{31} で表してみよう。

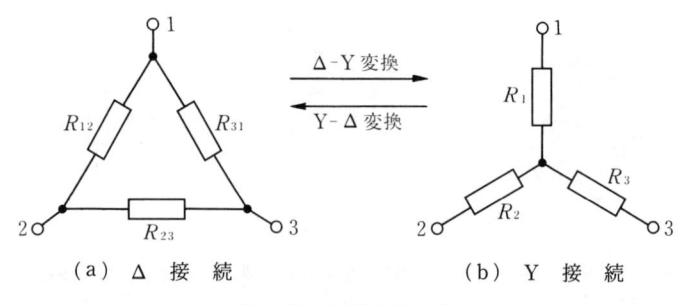

(a) Δ 接続　　　　　　(b) Y 接続

図 **4.12**　Δ-Y 変換回路

4.3 Δ-Y 変換回路

以下に合成抵抗の左辺を Δ 接続，右辺を Y 接続とすると
端子 1～2 間の合成抵抗は

$$\frac{R_{12}(R_{23}+R_{31})}{R_{12}+(R_{23}+R_{31})}=R_1+R_2 \tag{4.16}$$

端子 2～3 間の合成抵抗は

$$\frac{R_{23}(R_{12}+R_{31})}{R_{23}+(R_{12}+R_{31})}=R_2+R_3 \tag{4.17}$$

端子 3～1 間の合成抵抗は

$$\frac{R_{31}(R_{12}+R_{23})}{R_{31}+(R_{12}+R_{23})}=R_3+R_1 \tag{4.18}$$

つぎに式 (4.16)～(4.18) の辺々どうしの和を求め整理すると

$$\frac{R_{12}R_{23}+R_{23}R_{31}+R_{31}R_{12}}{R_{12}+R_{23}+R_{31}}=R_1+R_2+R_3 \tag{4.19}$$

R_1 は式 (4.19)−(4.17) から，R_2 は式 (4.19)−(4.18) から，R_3 は式 (4.19)−(4.16) からそれぞれ求まり，これを式 (4.20) に示す。

$$R_1=\frac{R_{31}R_{12}}{R_{12}+R_{23}+R_{31}}, \quad R_2=\frac{R_{12}R_{23}}{R_{12}+R_{23}+R_{31}}, \quad R_3=\frac{R_{23}R_{31}}{R_{12}+R_{23}+R_{31}} \tag{4.20}$$

上式から Δ-Y 変換した Y の抵抗は

$$Y \text{の抵抗} = \frac{\Delta \text{の隣り合う辺の抵抗の積}}{\Delta \text{の3辺の抵抗の和}}$$

で表すことができる。この Δ-Y 変換回路は複雑な回路になるに従い多く使用されるので，覚えておくとよい。

[例題] 4.6 図 4.7 に示した回路において，Δ-Y 変換を用いて a～b 間の合成抵抗 R_0 を求めよ。

[解] 図 4.7 の a c c′ と b d d′ の Δ 接続を Δ-Y 変換すると，**図 4.13 (a)** となる。これを図の (b)→(c)→(d) のように簡略化することにより，合成抵抗が $R_0=5R$ と求まる。

複雑な回路の簡略化法のまとめとして，つぎに示す項目の順序で簡略化を行うと簡単に解ける場合が多いので参考にされたい。

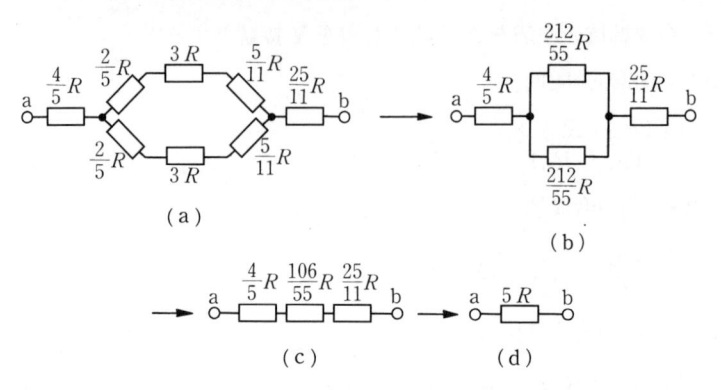

図 4.13　Δ-Y 変換による方法

（1） 回路の対称性が使えないか。

（2） ブリッジが平衡してないか。

（3） Δ-Y 変換が使えないか。

（4） 上記（1）〜（3）が適用できない場合は，回路に電圧 E を印加して流れる電流 I を求め，オームの法則から合成抵抗 R_0 を $R_0 = E/I$ から求める。

演 習 問 題

（1） 図 4.14 に示す回路において，以下の問に答えよ。
　（a） a〜b 間の合成抵抗 R_{ab} を求めよ。
　（b） c〜d 間の合成抵抗 R_{cd} を求めよ。
（2） 図 4.15 に示す回路において，a〜b 間の合成抵抗 R_0 を求めよ。

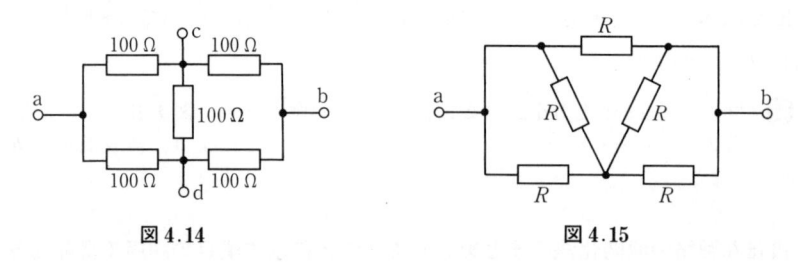

図 4.14　　　　　　　　図 4.15

演習問題　37

（3）図 4.16 に示す一辺の抵抗が R の三角錐(すい)において，a〜b 間の合成抵抗 R_0 を求めよ。

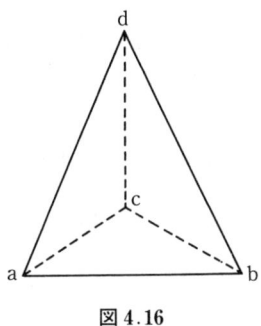

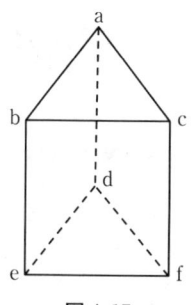

図 4.16

図 4.17

（4）図 4.17 に示す一辺の抵抗がすべて R の三角柱において，a〜b 間の合成抵抗 R_0 を求めよ。

（5）図 4.5（a）に示した一辺が R の対称回路において，同電位点法を用いて a〜b 間の合成抵抗 R_0 を求めよ。

（6）図 4.10 に示した一辺の抵抗がすべて R の立方体において，a〜f 間の合成抵抗 R_{af} を求めよ。

（7）図 4.18 に示す回路において，a〜b 間の合成抵抗 R_0 を求めよ。

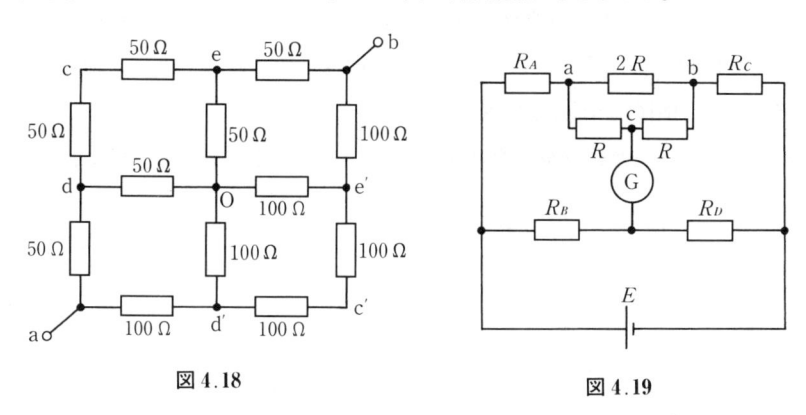

図 4.18

図 4.19

（8）図 4.19 に示すブリッジ回路において，検流計の指示が零，すなわちブリッジが平衡したときの未知抵抗 R_D を求めよ。ただし，R_A，R_B，R_C および R は既知抵抗とする。

5 回路方程式の作成とその解法

　本章では，複数の閉回路を含む回路の電流や電圧を求める方法として，よりシステム的な解法について述べる。すなわち，キルヒホッフの法則による枝路電流法や閉路電流法を用いて回路方程式を作成し，回路の電流および電圧をクラーメルの式による行列式で解く方法について学ぶ。

5.1　回路網について

　キルヒホッフの法則を用いて回路方程式を作成する際，回路網中で使用される用語について正しく理解しておくことが必要になる。

　図 5.1 に示す任意の**回路網**（network）において，a b c d を**節点**（node）もしくは**接続点**という。つぎに a〜b，b〜c，c〜d というように，節点と節点を接続する回路の一部分を**枝路**（branch）という。さらに a→b→c→d→a のように，同一の節点を二度通ることなく 1 周して完結する回路を，**閉回路**

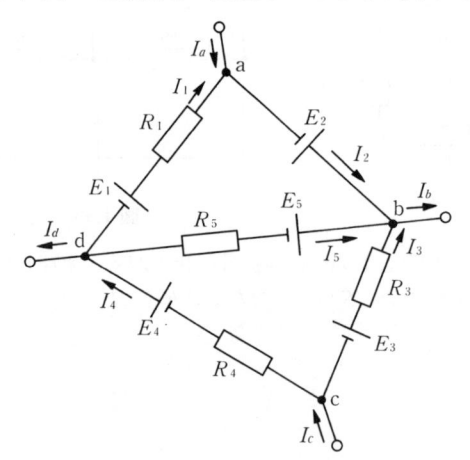

図 5.1　回路網

または**閉路**（loop）という。また特に閉路a→b→d→aおよびb→c→d→bは，内部に枝路を含まないので**網目**（mesh）と呼ばれている。

5.2 枝路電流法（節点電流法）

図5.2に示す二つの閉回路Ⅰ，Ⅱからなる回路において，各抵抗 R_1，R_2，R_3 に流れる電流を枝路電流法（節点電流法ともいう）により回路方程式を作成してみよう。ここで枝路電流法とは，各抵抗 R_1，R_2，R_3 ごとに流れる電流を I_1，I_2，I_3 と仮定（設定）して求める方法である。

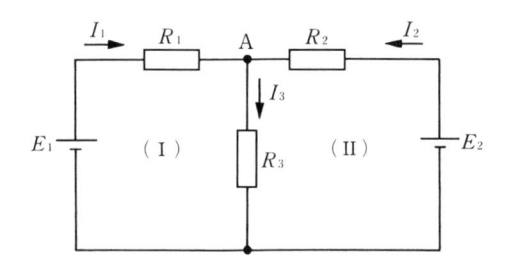

図5.2 ブランチ電流法

図5.2の点Aでキルヒホッフの電流の法則を適用すると，流入電流の総和は流出電流に等しいので

$$I_1 + I_2 = I_3 \tag{5.1}$$

閉回路Ⅰにおいてキルヒホッフの電圧の法則を適用すると，閉回路の中で端子電圧の総和は印加電圧に等しいので

$$R_1 I_1 + R_3 I_3 = E_1 \tag{5.2}$$

同様に，閉回路Ⅱでキルヒホッフの電圧の法則を適用すると

$$R_2 I_2 + R_3 I_3 = E_2 \tag{5.3}$$

式 (5.2)，(5.3) に式 (5.1) を代入して，I_1，I_2 について整理すると，回路方程式は次式の連立方程式となる。

$$\begin{cases} (R_1 + R_3)I_1 + R_3 I_2 = E_1 \\ R_3 I_1 + (R_2 + R_3)I_2 = E_2 \end{cases} \tag{5.4}$$

上式から I_1，I_2 について解き，さらに式 (5.1) から I_3 が求まる。

5.3 閉路電流法（ループ電流法）

図5.3に示す二つの閉回路Ⅰ，Ⅱからなる回路において，各抵抗 R_1, R_2, R_3 に流れる電流を閉路電流法（網目電流法ともいう）により回路方程式を作成してみよう。ここで閉路電流法とは，各閉回路Ⅰ，Ⅱごとに流れる電流を I_1, I_2 と仮定（設定）して求める方法である。

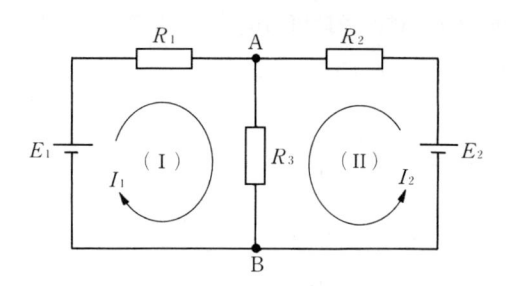

図5.3 ループ電流法

閉回路Ⅰにおいてキルヒホッフの電圧の法則を適用すると
$$R_1 I_1 + R_3(I_1 + I_2) = E_1 \tag{5.5}$$
閉回路Ⅱにおいてキルヒホッフの電圧の法則を適用すると
$$R_2 I_2 + R_3(I_1 + I_2) = E_2 \tag{5.6}$$
式 (5.5)，(5.6) を I_1, I_2 について整理すると，次式となる。
$$\begin{cases} (R_1 + R_3)I_1 + R_3 I_2 = E_1 \\ R_3 I_1 + (R_2 + R_3)I_2 = E_2 \end{cases} \tag{5.7}$$
上式から I_1, I_2 について解くと，抵抗 R_1, R_2 に流れる電流がそれぞれ求まる。抵抗 R_3 に流れる電流を I_3 とおくと，$I_3 = I_1 + I_2$ から求まる。

[例題] 5.1 図5.3に示す回路において，各抵抗が $R_1 = 5\,\Omega$, $R_2 = 10\,\Omega$, $R_3 = 5\,\Omega$, 印加電圧が $E_1 = 10\,\text{V}$, $E_2 = 15\,\text{V}$ のとき，各抵抗に流れる電流を求めよ。ただし閉回路Ⅰ，Ⅱのループ電流の方向は図の中に示してある。

[解] 閉回路Ⅰ，Ⅱの回路方程式を作成して I_1, I_2 を求め，抵抗 R_3 に流れる電流 I_3 を $I_3 = I_1 + I_2$ から求める。
回路方程式は，式 (5.7) を用いると式 (5.8) となる。

5.3 閉路電流法（ループ電流法）

$$\begin{cases} (5+5)I_1+5\,I_2=10 \\ 5\,I_1+(10+5)I_2=15 \end{cases} \quad (5.8)$$

上式を整理して

$$\begin{cases} 2\,I_1+I_2=2 & (5.9) \\ I_1+3\,I_2=3 & (5.10) \end{cases}$$

式 (5.9) から I_2 を求めると

$$I_2=2-2\,I_1 \quad (5.11)$$

式 (5.11) を式 (5.10) に代入して I_1 を求めると

$$I_1=0.6\text{ A} \quad (5.12)$$

式 (5.12) を式 (5.11) に代入して I_2 を求めると

$$I_2=0.8\text{ A} \quad (5.13)$$

I_3 は $I_3=I_1+I_2$ より，これに式 (5.12)，(5.13) を代入して

$$I_3=1.4\text{ A} \quad (5.14)$$

上式から I_3 は，図の中で A → B の方向に流れていることがわかる。
まとめると

$$I_1=0.6\text{ A},\ I_2=0.8\text{ A},\ I_3=1.4\text{ A} \quad (5.15)$$

[例題] 5.2 例題 5.1 の回路で閉回路 II のループ電流 I_2 の方向を逆にとった場合，すなわち**図 5.4** に示す回路の各電流を求めよ。

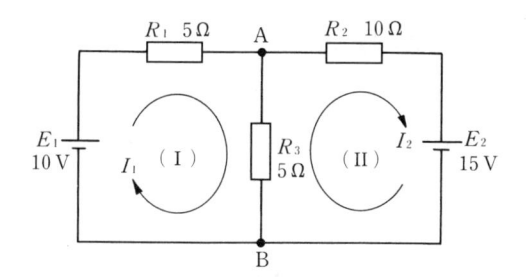

図 5.4 ループ電流法による計算

[解] 例題 5.1 に比べて回路方程式が異なることに注意する。例えば閉回路 I の $R_3=5\,\Omega$ には I_1 と I_2 が流れ，その大きさは I_1-I_2 となる。これはいま考えている閉回路 I の電流 I_1 を正の方向にとっているのに対し，I_2 が反対方向なので負の符号を付けて加算することになる。同様に閉回路 II の $R_3=5\,\Omega$ には，I_2-I_1 の電流が流れることになる。

閉回路 I，II の回路方程式は次式となる。

$$\begin{cases} 5\,I_1+5(I_1-I_2)=10 \\ 5(I_2-I_1)+10\,I_2=-15 \end{cases} \quad (5.16)$$

I_1, I_2 について整理して

$$\begin{cases} 2I_1 - I_2 = 2 & (5.17) \\ I_1 - 3I_2 = 3 & (5.18) \end{cases}$$

式 (5.17) から I_2 を求めると

$$I_2 = 2I_1 - 2 \qquad (5.19)$$

式 (5.19) を式 (5.18) に代入して I_1 を求めると

$$I_1 = 0.6\,\text{A} \qquad (5.20)$$

式 (5.20) を式 (5.19) に代入して I を求めると

$$I_2 = -0.8\,\text{A} \qquad (5.21)$$

ここで上式の I_2 の電流値が負（−）になっている理由は，仮定した I_2 の方向に対して実際は反対方向に I_2 が流れていることを表している。

R_3 に流れる電流を I_3 とおくと，$I_3 = I_1 - I_2$ よりこれを求めると

$$I_3 = 1.4\,\text{A} \qquad (5.22)$$

まとめると

$$I_1 = 0.6\,\text{A},\ I_2 = -0.8\,\text{A},\ I_3 = 1.4\,\text{A} \qquad (5.23)$$

例題 5.1 と例題 5.2 から得られる I_1，I_2，I_3 の結果は，同じ内容を表している。すなわち，閉回路中のループ電流の方向を任意に定めても，実際に流れる電流の大きさや方向が求まることがわかる。

5.4 クラーメルの式による回路方程式の解法

回路方程式をよりシステム的に解く方法として，以下に述べる**クラーメル (Cramer) の式**による**行列式** (determinant) を用いる方法が簡便といえる。

5.4.1 回路方程式が連立2元1次方程式で表現できる場合の解法

二つの閉回路からなる，以下に示す連立2元1次方程式について考える。

$$\begin{cases} R_1 I_1 + R_2 I_2 = E_1 \\ R_3 I_1 + R_4 I_2 = E_2 \end{cases} \qquad (5.24)$$

ここで $R_1 \sim R_4$ は抵抗，E_1，E_2 は電圧をそれぞれ表し，いずれも値の定まった定数とする。I_1，I_2 は電流を表し，未知数とする。

クラーメルの式を用いて，式 (5.24) の I_1 と I_2 を以下のように求める。

5.4 クラーメルの式による回路方程式の解法

$$I_1 = \frac{\begin{vmatrix} E_1 & R_2 \\ E_2 & R_4 \end{vmatrix}}{\begin{vmatrix} R_1 & R_2 \\ R_3 & R_4 \end{vmatrix}} = \frac{R_4 E_1 - R_2 E_2}{R_1 R_4 - R_2 R_3}$$

$$I_2 = \frac{\begin{vmatrix} R_1 & E_1 \\ R_3 & E_2 \end{vmatrix}}{\begin{vmatrix} R_1 & R_2 \\ R_3 & R_4 \end{vmatrix}} = \frac{R_1 E_2 - R_3 E_1}{R_1 R_4 - R_2 R_3}$$

(5.25)

上式の I_1, I_2 の分母と分子の縦線は行列式であることを表している。行列式の作成法について，I_1 を求めるときを例にとり以下に述べる。

分母には，式 (5.24) の左辺の未知数である I_1, I_2 の係数となる抵抗 R_1 〜 R_4 をそのまま配置する。分子には，求めようとする電流 I_1 の係数のところに式 (5.24) の右辺の電圧 E_1, E_2 を配置する。I_2 を求める場合も同様に分母は I_1 と同じ配置になり，分子は電流 I_2 のところに電圧 E_1, E_2 を配置する。

式 (5.25) に用いられている2行2列の行列式の展開法を**図 5.5** に示す。ここで左上から右下への積 $(R_1 R_4)$ をとる①の場合は，そのままの正（＋）の符号となる。しかし左下から右上への積 $(R_3 R_2)$ をとる②の場合には，負（－）の符号をつけることに注意する。

$$\begin{vmatrix} R_1 & R_2 \\ R_3 & R_4 \end{vmatrix} = \overset{①}{R_1 R_4} - \overset{②}{R_3 R_2}$$

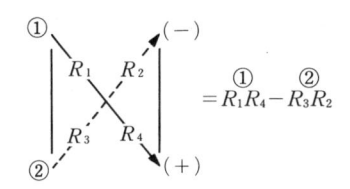

図 5.5 2行2列の行列式の展開法

[例題] 5.3 例題 5.1 の式 (5.9)，(5.10) の回路方程式を，クラーメルの式による行列式で解いてみよう。

解 式 (5.9)，(5.10) の回路方程式をいま一度書いてみると
$$\begin{cases} 2I_1 + I_2 = 2 \\ I_1 + 3I_2 = 3 \end{cases}$$

上述した式（5.25）と同様の方法で I_1, I_2 を求め，I_3 は $I_3=I_1+I_2$ から求める。

$$I_1=\frac{\begin{vmatrix}2 & 1\\3 & 3\end{vmatrix}}{\begin{vmatrix}2 & 1\\1 & 3\end{vmatrix}}=\frac{2\times3-3\times1}{2\times3-1\times1}=\frac{3}{5}=0.6\,\text{A} \tag{5.26}$$

$$I_2=\frac{\begin{vmatrix}2 & 2\\1 & 3\end{vmatrix}}{\begin{vmatrix}2 & 1\\1 & 3\end{vmatrix}}=\frac{2\times3-1\times2}{2\times3-1\times1}=\frac{4}{5}=0.8\,\text{A} \tag{5.27}$$

$$I_3=I_1+I_2=0.6\,\text{A}+0.8\,\text{A}=1.4\,\text{A} \tag{5.28}$$

例題 5.4 図5.6に示す回路において，各抵抗に流れる電流とbからみたaの電圧 E_{ab} を求めよ。

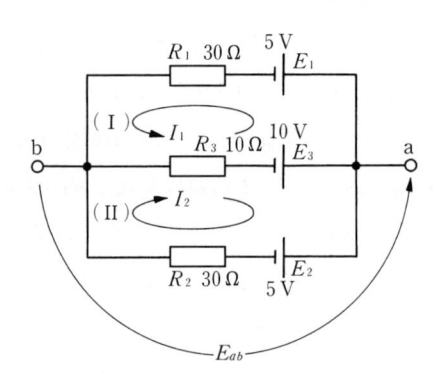

図5.6 クラーメルの式による解法

解 閉回路Ⅰ，Ⅱにおいて，ループ電流 I_1, I_2 の方向を図のように仮定して回路方程式を作成する。つぎにクラーメルの式を用いて I_1, I_2 を求めることにより E_{ab} が求まる。

閉回路Ⅰ，Ⅱの回路方程式は次式となる。

$$\begin{cases}30\,I_1+10(I_1+I_2)=10-5\\30\,I_2+10(I_1+I_2)=10-5\end{cases} \tag{5.29}$$

上式を整理して

$$\begin{cases}8\,I_1+2\,I_2=1\\2\,I_1+8\,I_2=1\end{cases} \tag{5.30}$$

クラーメルの式を用いて I_1, I_2 を求めると

$$I_1=\frac{\begin{vmatrix}1&2\\1&8\end{vmatrix}}{\begin{vmatrix}8&2\\2&8\end{vmatrix}}=\frac{1\times 8-1\times 2}{8\times 8-2\times 2}=\frac{6}{60}=0.1\text{ A} \tag{5.31}$$

$$I_2=\frac{\begin{vmatrix}8&1\\2&1\end{vmatrix}}{\begin{vmatrix}8&2\\2&8\end{vmatrix}}=\frac{8\times 1-2\times 1}{8\times 8-2\times 2}=\frac{6}{60}=0.1\text{ A} \tag{5.32}$$

ここで抵抗 R_3 において，b→a の方向へ流れる電流を I_3 とおくと $I_3=I_1+I_2$ より，これに式 (5.31), (5.32) を代入して I_3 は

$$I_3=I_1+I_2=0.2\text{ A}$$

E_{ab} はどのブランチで求めても同じ結果が得られるが，ここでは図 5.7 に示すように，R_1 と E_1 を用いる。図（a）から $R_1=30\,\Omega$ には，0.1 A が流れることからその端子電圧は 3 V となる。これを図（b）→（c）のように変換することにより，$E_{ab}=8$ V が得られる。

まとめると

$$I_1=0.1\text{ A},\quad I_2=0.1\text{ A},\quad I_3=0.2\text{ A},\quad E_{ab}=8\text{ V} \tag{5.33}$$

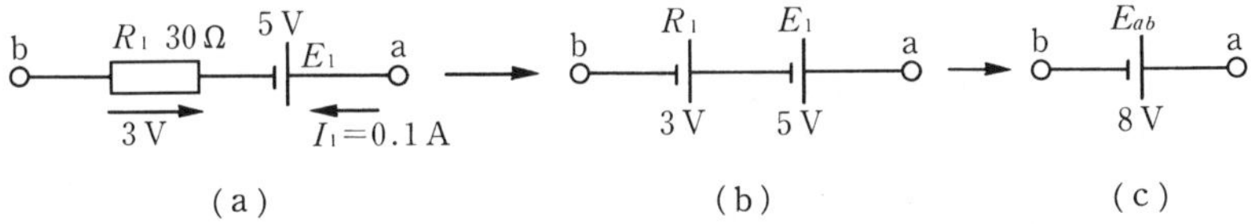

図 5.7　E_{ab} の求め方

5.4.2　回路方程式が連立 3 元 1 次方程式で表現できる場合の解法

三つの閉回路からなる，以下に示す連立 3 元 1 次方程式について考える。

$$\begin{cases}R_1I_1+R_2I_2+R_3I_3=E_1\\R_4I_1+R_5I_2+R_6I_3=E_2\\R_7I_1+R_8I_2+R_9I_3=E_3\end{cases} \tag{5.34}$$

ここで $R_1\sim R_9$ は抵抗，$E_1\sim E_3$ は電圧をそれぞれ表し，いずれも値の定まった定数とする。$I_1\sim I_3$ は電流を表し，未知数とする。

連立 2 元 1 次方程式の場合と同様に，クラーメルの式を用いて式(5.34)の $I_1\sim I_3$ を以下のように求める。

$$I_1 = \frac{\begin{vmatrix} E_1 & R_2 & R_3 \\ E_2 & R_5 & R_6 \\ E_3 & R_8 & R_9 \end{vmatrix}}{\begin{vmatrix} R_1 & R_2 & R_3 \\ R_4 & R_5 & R_6 \\ R_7 & R_8 & R_9 \end{vmatrix}}, \quad I_2 = \frac{\begin{vmatrix} R_1 & E_1 & R_3 \\ R_4 & E_2 & R_6 \\ R_7 & E_3 & R_9 \end{vmatrix}}{\begin{vmatrix} R_1 & R_2 & R_3 \\ R_4 & R_5 & R_6 \\ R_7 & R_8 & R_9 \end{vmatrix}}, \quad I_3 = \frac{\begin{vmatrix} R_1 & R_2 & E_1 \\ R_4 & R_5 & E_2 \\ R_7 & R_8 & E_3 \end{vmatrix}}{\begin{vmatrix} R_1 & R_2 & R_3 \\ R_4 & R_5 & R_6 \\ R_7 & R_8 & R_9 \end{vmatrix}} \quad (5.35)$$

式(5.35)の分母は，抵抗 $R_1 \sim R_9$ の3行3列の行列式となり，分子は求めようとする電流の係数である抵抗のところに式(5.34)の右辺の電圧 $E_1 \sim E_3$ を配置する。

式(5.35)に用いられている3行3列の行列式の展開法を図5.8に示す。ここで左上から右下への積①〜③の場合は，正(+)の符号となるが，左下から右上への積④〜⑥の場合には，負(-)の符号になることに注意する。

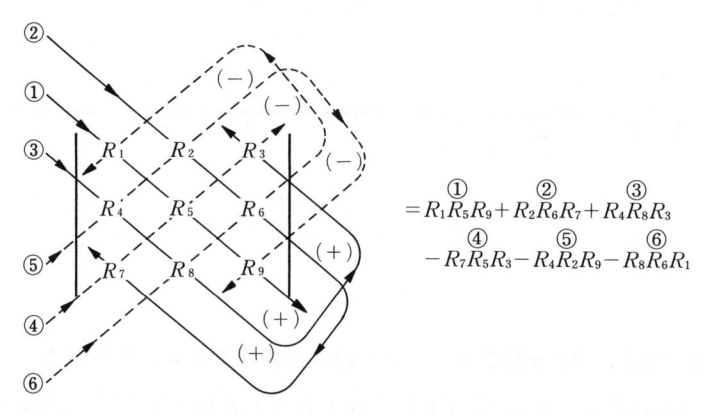

$$= R_1 \overset{①}{R_5} R_9 + R_2 \overset{②}{R_6} R_7 + R_4 \overset{③}{R_8} R_3 \\ - R_7 \overset{④}{R_5} R_3 - R_4 \overset{⑤}{R_2} R_9 - R_8 \overset{⑥}{R_6} R_1$$

図5.8 3行3列の行列式の展開法

例題 5.5 図5.9に示すブリッジ回路において，各抵抗に流れる電流 $I_{R1} \sim I_{R5}$ を求めよ。

解 各閉回路Ⅰ〜Ⅲごとにループ電流 $I_1 \sim I_3$ を図のように仮定して，$I_1 \sim I_3$ を求める。つぎに各抵抗に流れるブランチ電流 $I_{R1} \sim I_{R5}$ は，$I_1 \sim I_3$ を合成することにより求まる。閉回路Ⅰ，Ⅱ，Ⅲの回路方程式は次式となる。

$$\begin{cases} 4I_1 + 2(I_1 - I_2) + 1(I_1 - I_3) = 0 \\ 2I_2 + 3(I_2 - I_3) + 2(I_2 - I_1) = 0 \\ 1(I_3 - I_1) + 3(I_3 - I_2) = 10 \end{cases} \quad (5.36)$$

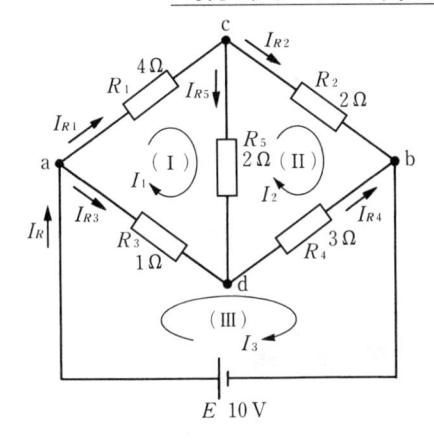

5.4 クラーメルの式による回路方程式の解法

図5.9 ブリッジ回路

上式を整理して

$$\begin{cases} 7I_1 - 2I_2 - I_3 = 0 \\ -2I_1 + 7I_2 - 3I_3 = 0 \\ -I_1 - 3I_2 + 4I_3 = 10 \end{cases} \tag{5.37}$$

クラーメルの式を用いて I_1, I_2, I_3 を求めると

$$I_1 = \frac{\begin{vmatrix} 0 & -2 & -1 \\ 0 & 7 & -3 \\ 10 & -3 & 4 \end{vmatrix}}{\begin{vmatrix} 7 & -2 & -1 \\ -2 & 7 & -3 \\ -1 & -3 & 4 \end{vmatrix}} = \frac{60+70}{196-6-6-7-16-63} = \frac{130}{98} = \frac{65}{49} \text{ A} \tag{5.38}$$

ここで I_2, I_3 の分母の行列式と上式の分母の行列式は同一になるので，計算を簡単にするために分母の行列式を $\varDelta$（デルタ）とおく。

$$I_2 = \frac{\begin{vmatrix} 7 & 0 & -1 \\ -2 & 0 & -3 \\ -1 & 10 & 4 \end{vmatrix}}{\varDelta} = \frac{20+210}{98} = \frac{230}{98} = \frac{115}{49} \text{ A} \tag{5.39}$$

$$I_3 = \frac{\begin{vmatrix} 7 & -2 & 0 \\ -2 & 7 & 0 \\ -1 & -3 & 10 \end{vmatrix}}{\varDelta} = \frac{490-40}{98} = \frac{450}{98} = \frac{225}{49} \text{ A} \tag{5.40}$$

各抵抗に流れる電流 $I_{R1} \sim I_{R5}$ は

$$I_{R1} = I_1 = \frac{65}{49} \text{ A} \tag{5.41}$$

$$I_{R2} = I_2 = \frac{115}{49} \text{ A} \tag{5.42}$$

$$I_{R3} = I_3 - I_1 = \frac{225}{49} - \frac{65}{49} = \frac{160}{49} \text{ A} \tag{5.43}$$

$$I_{R4} = I_3 - I_2 = \frac{225}{49} - \frac{115}{49} = \frac{110}{49} \text{ A} \tag{5.44}$$

$$I_{R5} = I_1 - I_2 = \frac{65}{49} - \frac{115}{49} = -\frac{50}{49} \text{ A} \tag{5.45}$$

ここで I_{R5} は負の値となっているが，これは仮定した電流の方向に対して実際は逆方向に電流が流れていることを表している．

演 習 問 題

（1） 図 5.10 に示す回路において，各抵抗に流れる電流 $I_{R1} \sim I_{R3}$ を求めよ．
（2） 図 5.11 に示す回路において，流れる電流 I と電位差 E_{ab} を求めよ．

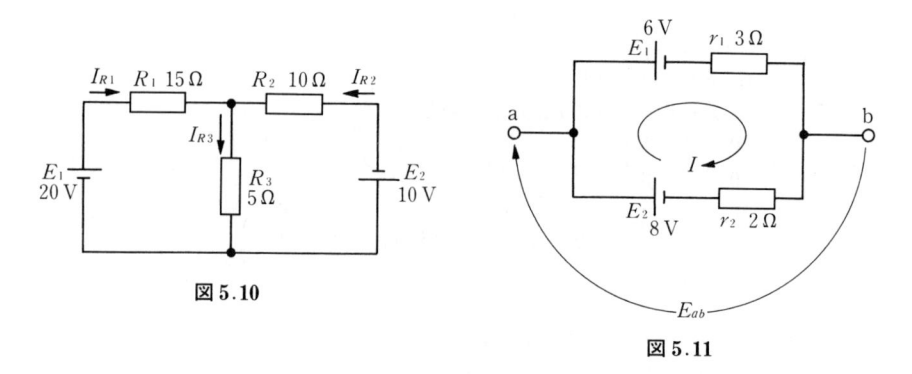

図 5.10

図 5.11

（3） 図 5.12 に示す回路において，各抵抗に流れる電流 $I_{R1} \sim I_{R3}$ と c〜b 間の電位差 E_{cb} を求めよ．

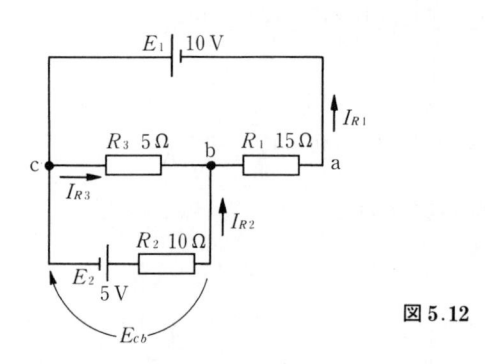

図 5.12

（4） 図 5.13 に示す回路において，各抵抗に流れる電流 I_{R1}〜I_{R5} を求めよ。ただし図に示すように各ループ電流 I_1〜I_3 を閉回路で仮定して，これを求めてから I_{R1}〜I_{R5} を合成せよ。

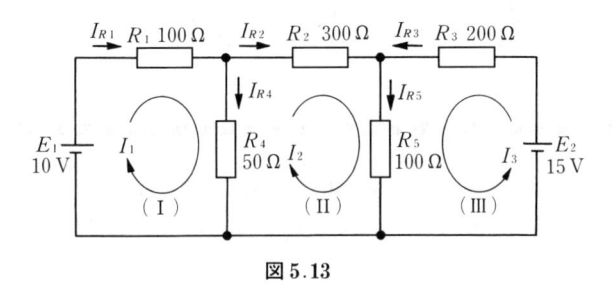

図 5.13

（5） 図 5.14 に示す回路において，流れる電流 I と E_{bc}（c からみた b の電圧），E_{ac}（c からみた a の電圧）および E_{ba}（a からみた b の電圧）を求めよ。

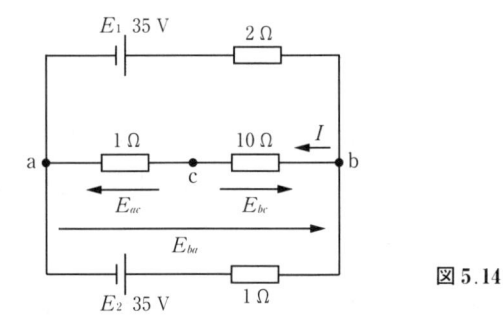

図 5.14

（6） 図 5.15 に示す回路において，△接続した各抵抗に流れる電流 I_{ab}，I_{cb}，I_{ac} および各電源電流 I_1，I_2，I_3 を求めよ。

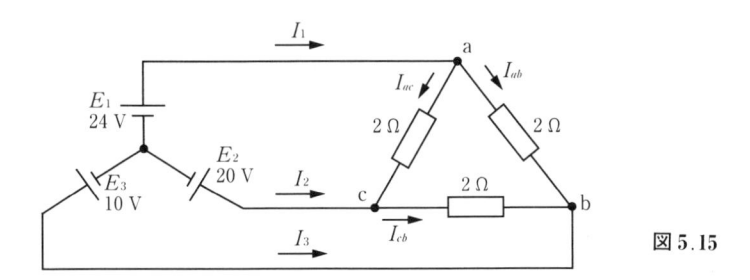

図 5.15

（7） 図 5.9 に示したブリッジ回路において，E_{cb}（b からみた c の電圧），E_{db}（b からみた d の電圧），E_{cd}（d からみた c の電圧）および全電流 I_R を求めよ。つぎに R_2 を可変抵抗にして抵抗を調節した結果，$E_{cd} = 0$ V となった。このときの R_2 の値を求めよ。

6 直流電力

電気回路の重要な要素として，電圧や電流のほかに電力という用語がある。電力とはなにかを考えるとき，身近な例としては，電球や蛍光灯をはじめヒータなどの消費電力があげられる。さらには時計，電卓，携帯電話およびパソコンなどの消費電力も重要な関心事と思われる。本章では，電力の入門として直流回路の中で抵抗が消費する直流電力について述べる。

6.1 電力と電力量

電力（electric power）P とは単位時間 dt あたりに抵抗 R などが消費する**エネルギー**（energy）dW_t のことで，次式のように定義されている。

$$P = \frac{dW_t}{dt} \tag{6.1}$$

電力の単位は，おもに電気の分野では**ワット**〔Watt，記号 W〕が用いられ，物理の分野ではジュール/秒〔J/s〕が用いられている。さらにエネルギーとは，電気の分野では**電力量**と呼ばれ，その単位は**ワット秒**〔Watt second，記号 Ws〕や**ワット時**〔Watt hour，記号 Wh〕が用いられている。一方，物理の分野では**仕事量**と呼ばれ，その単位はジュール〔J〕である。

電力量 W_t は，式 (6.1) から電力 P の時間積分で表すことができる。さらに電力 P が定数ならば，次式のように電力量は電力 P と時間 t の積となる。

$$W_t = \int P dt = P \int dt = Pt \tag{6.2}$$

〔例題〕**6.1** 消費電力 500 W の電子レンジを 2 分間使用した。このときの電力量 W_t を求めよ（電力のことを慣例的に消費電力とも呼ばれている）。

解 式 (6.2) にそれぞれ値を代入して、時間を秒で表して計算する。
$$W_t = Pt = 500\ \text{W} \times 60\ \text{s} \times 2 = 60\ 000\ \text{Ws} = 60\ \text{kWs}$$

6.2 抵抗の消費電力

図 6.1 に示す抵抗 R の回路に直流電圧 E を印加して、電流 I が流れたときの抵抗の消費電力 P は、**ジュールの法則**（Joule's law）から次式となる。

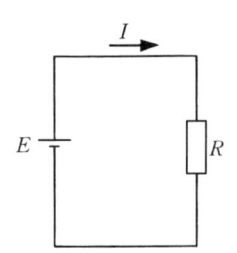

図 6.1 抵抗の消費電力

$$P = I^2 R = \left(\frac{E}{R}\right)^2 R = \frac{E^2}{R} = E\left(\frac{E}{R}\right) = EI$$

まとめると

$$P = I^2 R = \frac{E^2}{R} = EI \tag{6.3}$$

ここで上式の 3 種類の表示方法は、**抵抗の消費電力を求める際便利な式なので覚えておくとよい**。また抵抗が電力を消費すると発熱が生じることから、抵抗は電気エネルギーを熱エネルギーに変換する素子といえる。

[例題] 6.2 図 6.1 に示す回路で $R = 50\ \Omega$, $E = 100\ \text{V}$ のとき、抵抗の消費電力 P と 1 時間あたりの電力量 W_t を求めよ。

解 式 (6.3) の P と式 (6.2) の W_t におのおのの値を代入して求める。
$$P = I^2 R = \left(\frac{100\ \text{V}}{50\ \Omega}\right)^2 \times 50\ \Omega = (2\ \text{A})^2 \times 50\ \Omega = 200\ \text{W} \tag{6.4}$$
$$W_t = Pt = 200\ \text{W} \times 1\ \text{h} = 200\ \text{Wh} \tag{6.5}$$

[例題] 6.3 図 6.2 に示す回路において、各抵抗の消費電力を求めよ。

解 各抵抗 R_1, R_2, R_3 に流れる電流 I_1, I_2, I_3 を求め、その消費電力 P_1, P_2, P_3 を $P^2 = I^2 R$ の式から求める。

6. 直流電力

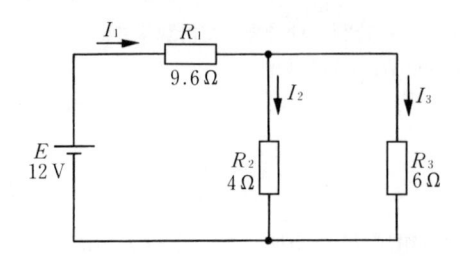

図6.2 直並列回路の消費電力

回路の合成抵抗 R_0 は

$$R_0 = R_1 + \frac{R_2 R_3}{R_2 + R_3} = 9.6\ \Omega + \frac{4\ \Omega \times 6\ \Omega}{4\ \Omega + 6\ \Omega} = 12\ \Omega \tag{6.6}$$

I_1, I_2, I_3 はオームの法則と分流の式から

$$I_1 = \frac{E}{R_0} = \frac{12\ \text{V}}{12\ \Omega} = 1\ \text{A} \tag{6.7}$$

$$I_2 = \frac{R_3}{R_2 + R_3} I_1 = \frac{6\ \Omega}{4\ \Omega + 6\ \Omega} \times 1\ \text{A} = 0.6\ \text{A} \tag{6.8}$$

$$I_3 = \frac{R_2}{R_2 + R_3} I_1 = \frac{4\ \Omega}{4\ \Omega + 6\ \Omega} \times 1\ \text{A} = 0.4\ \text{A} \tag{6.9}$$

したがって P_1, P_2, P_3 は

$$P_1 = I_1^2 R_1 = (1\ \text{A})^2 \times 9.6\ \Omega = 9.6\ \text{W} \tag{6.10}$$

$$P_2 = I_2^2 R_2 = (0.6\ \text{A})^2 \times 4\ \Omega = 1.44\ \text{W} \tag{6.11}$$

$$P_3 = I_3^2 R_3 = (0.4\ \text{A})^2 \times 6\ \Omega = 0.96\ \text{W} \tag{6.12}$$

[例題] 6.4 電圧が6Vのバイク用の4Wと6Wの小形電球を直列にして，12Vで点灯させた。どちらの電球が明るいか。ただし明るさは消費電力に比例するものとする。

[解] 各電球のフィラメント抵抗を求め，つぎに12V印加したときの電球に流れる電流を求めることにより，12V印加時の各消費電力が求まる。

4Wと6Wの電球のフィラメント抵抗をおのおの r_1, r_2 とおくと，$P = E^2/r$ の式から r を求めることにより

$$r_1 = \frac{E^2}{P_1} = \frac{(6\ \text{V})^2}{4\ \text{W}} = 9\ \Omega \tag{6.13}$$

$$r_2 = \frac{E^2}{P_2} = \frac{(6\ \text{V})^2}{6\ \text{W}} = 6\ \Omega \tag{6.14}$$

二つの電球を直列接続して12Vを印加したとき各電球に流れる電流 I は

$$I = \frac{12\ \text{V}}{r_1 + r_2} = \frac{12\ \text{V}}{9\ \Omega + 6\ \Omega} = 0.8\ \text{A} \tag{6.15}$$

12V印加したときの各電球の消費電力 P_1', P_2' は

$$P_1' = I^2 r_1 = (0.8 \text{ A})^2 \times 9 \text{ Ω} = 5.76 \text{ W} \tag{6.16}$$
$$P_2' = I^2 r_2 = (0.8 \text{ A})^2 \times 6 \text{ Ω} = 3.84 \text{ W} \tag{6.17}$$

よって 12 V 印加時は，4 W の電球のほうが 6 W の電球より明るくなる．

演 習 問 題

(1) ある抵抗の電力量の変化 dW_t は 5 秒間で 100 Ws であった．抵抗の消費電力 P を求めよ．

(2) M 君は乗用車を夜間運転時，消費電力 50 W の 2 個のヘッドランプを点灯させ，消費電力 40 W の CD プレーヤーを聞いていた．1 時間あたりの電力量 W_t を求めよ．

(3) 12 V 用 60 W の電球を 6 V で点灯したときの消費電力 P を求めよ．

(4) ある抵抗に 4 A の電流を流したとき消費電力が 48 W であった．端子電圧 E と抵抗 R の値を求めよ．

(5) 12 V 用 36 W の電球の消費電力を 6 W から 36 W まで可変（調光）できるように，電球と直列に可変抵抗器 V_R を図 6.3 に示すように接続した．V_R の値を求めよ．ただし V_R を 0 Ω に設定したとき，電球の消費電力が 36 W とする．

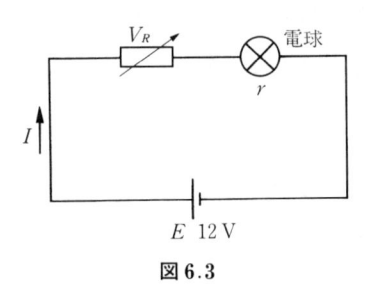

図 6.3

(6) 電力量 1 Wh をジュール〔J〕に変換せよ．

(7) ある負荷に 100 V の電圧を印加して 30 A の電流を 20 分間流したとき，その電力量は何ジュールか．また何ワット時になるか求めよ．

(8) 電圧 12 V，容量 40 Ah のバッテリーがある．これを 5 時間で放電する場合の放電電流 I_d とバッテリーの放出した電力量 W_t を求めよ．なお，放電中の電圧は 12 V 一定とする．

7 直流回路の条件による解法

本章では直流回路のまとめとして，電圧，電流および電力において，ある条件が付いた場合，例えば抵抗の端子電圧や消費電力などが最大，最小になる条件について述べる。

7.1 電流の条件について

電流の条件としては，回路に流れる電流の電流比，最大および最小の条件について，以下に例をあげて説明する。

[例題] 7.1 図 7.1 に示す回路において，a〜b 間から右側をみた合成抵抗が $120\,\Omega$ であった。終端抵抗 $120\,\Omega$ に流れる電流 I_R が全電流 I の 1/4 になるための r_1，r_2 の値を求めよ。

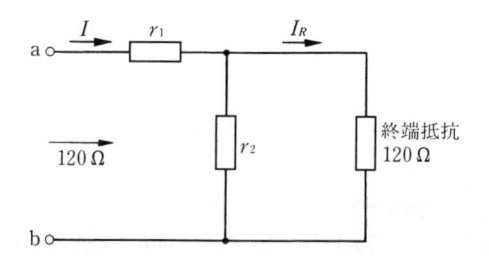

図 7.1 電流の条件（電流比）

[解] a〜b 間から右側をみた合成抵抗 R_0 を求め，つぎに分流の式から I_R と I の関係を求めることにより r_1 と r_2 の連立方程式が得られるので，これを解くことにより r_1，r_2 を求める。

$$R_0 = r_1 + \frac{120\,r_2}{r_2 + 120} = 120\,\Omega \tag{7.1}$$

$$I_R = \frac{r_2}{r_2 + 120} I = \frac{I}{4} \tag{7.2}$$

式 (7.2) を整理して r_2 を求めると

$$\frac{r_2}{r_2+120}=\frac{1}{4}$$

$$r_2+120=4\ r_2$$

$$\therefore\ r_2=40\ \Omega \tag{7.3}$$

式 (7.3) を式 (7.1) に代入して r_1 を求めると

$$r_1+\frac{40\times120}{40+120}=120$$

$$\therefore\ r_1=120-30=90\ \Omega \tag{7.4}$$

まとめると $r_1=90\ \Omega$,$r_2=40\ \Omega$ となる.

[例題] 7.2 図 7.2 (a) に示す回路において,$40\ \Omega$ の可変抵抗器の抵抗値 r を調整して得られる電流 I の最小値を求めよ.

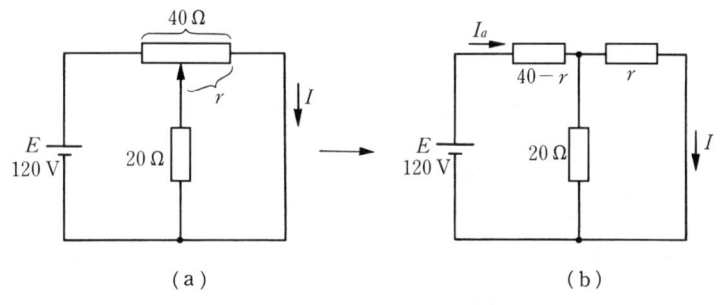

図 7.2 電流の条件(最小値)

解 $40\ \Omega$ の可変抵抗器を電流 I が最小になるように設定したときの回路図を図 7.2 (b) に示す.はじめに回路の合成抵抗 R_0 を求め,r と $20\ \Omega$ の分流の式から I を求める.つぎに I が最大,最小になる r の条件は,I の 1 次微分を零 $(dI(r)/dr=0)$ とおくことにより求まる.

$$R_0=(40-r)+\frac{20\ r}{20+r} \tag{7.5}$$

$$I=\frac{20}{20+r}\ I_a=\frac{20}{20+r}\times\frac{E}{R_0} \tag{7.6}$$

式 (7.6) に式 (7.5) の R_0 と $E=120\ \text{V}$ を代入して整理すると

$$I=\frac{20}{20+r}\times\frac{120}{(40-r)+\dfrac{20\ r}{20+r}}=\frac{2\ 400}{800+40\ r-r^2} \tag{7.7}$$

式 (7.7) の I が最小になる r を求めるには,式 (7.7) の分母を $I(r)$ とおくと,これが最大になる条件を求めることと同様なので,ここでは $dI(r)/dr=0$ から r を

求める。

$$I(r) = 800 + 40\,r - r^2 \tag{7.8}$$

$$\frac{dI(r)}{dr} = 40 - 2\,r = 0 \tag{7.9}$$

$$\therefore \quad r = 20\,\Omega \tag{7.10}$$

式 (7.10) の $r = 20\,\Omega$ を式 (7.7) に代入して I の最小値を求めると

$$I = \frac{2\,400}{800 + 40 \times 20 - 20^2} = \frac{2\,400}{800 + 800 - 400} = 2\,\text{A} \tag{7.11}$$

ここで $r = 20\,\Omega$ が $I(r)$ の最大値であるかを確認するためには、2次微分した値が $d^2I(r)/dr^2 < 0$ なので、つぎのように検算を行う。

$$\frac{d^2I(r)}{dr^2} = \frac{d(40 - 2\,r)}{dr} = -2 < 0 \tag{7.12}$$

したがって、式 (7.12) から $r = 20\,\Omega$ が $I(r)$ の最大値であることがわかる。

7.2 電圧の条件について

電圧の条件としては、任意の回路における抵抗の端子電圧の電圧比、最大および最小の条件について以下に例をあげて説明する。

[例題] 7.3 図 7.3 に示す回路において、a～b 間の全抵抗を $120\,\Omega$ とする。$60\,\Omega$ の端子電圧 E_0 が印加電圧 E の $1/4$ になる r_1, r_2 の値を求めよ。

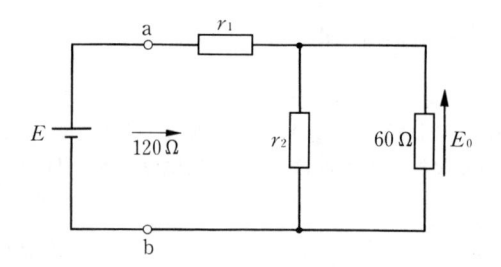

図 7.3 電圧の条件（電圧比）

[解] a～b 間の合成抵抗 R_0 が $120\,\Omega$ になる条件と分圧の式から端子電圧 E_0 を求め、E_0 が $E/4$ になる条件から r_1, r_2 が求まる。

$$R_0 = r_1 + \frac{60\,r_2}{r_2 + 60} = 120 \tag{7.13}$$

$$E_0 = \frac{\left(\dfrac{60\,r_2}{60 + r_2}\right)}{R_0} E = \frac{E}{4} \tag{7.14}$$

式 (7.14) に式 (7.13) を代入して r_2 を求めると

$$\frac{\left(\dfrac{60\,r_2}{60+r_2}\right)}{120}=\frac{1}{4}$$

$$\frac{60\,r_2}{60+r_2}=30$$

$$\therefore\ r_2=60\,\Omega \tag{7.15}$$

式 (7.15) を式 (7.13) に代入して r_1 を求めると

$$r_1+\frac{60\times 60}{60+60}=120$$

$$\therefore\ r_1=120-30=90\,\Omega \tag{7.16}$$

まとめると $r_1=90\,\Omega$, $r_2=60\,\Omega$ となる。

[例題] 7.4 図 7.4 に示す回路において, $8\,\Omega$ の端子電圧 E_0 が最大になる r の値を求めよ。

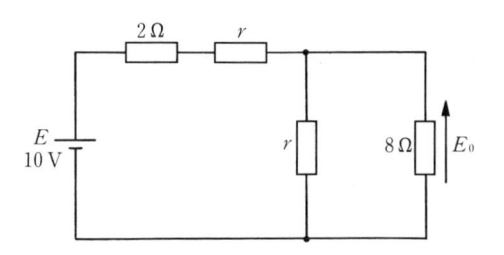

図 7.4 電圧の条件 (最大値)

[解] 分圧の式から端子電圧 E_0 を求めて E_0 の 1 次微分を零, すなわち $dE_0(r)/dr=0$ とおくことにより r が求まる。

$$E_0=\frac{\left(\dfrac{8\,r}{r+8}\right)}{(2+r)+\left(\dfrac{8\,r}{r+8}\right)}E=\frac{8\,r}{(2+r)(r+8)+8\,r}\times 10=\frac{80\,r}{r^2+18\,r+16}$$

$$=\frac{80}{r+18+\dfrac{16}{r}} \tag{7.17}$$

式 (7.17) の E_0 が最大になる r を求めるには, 式 (7.17) の分母を $E_0(r)$ とおくと, これが最小になる条件を求めることと同様なので, ここでは $dE_0(r)/dr=0$ から r を求める。

$$E_0(r)=r+18+\frac{16}{r} \tag{7.18}$$

$$\frac{dE_0(r)}{dr}=1-\frac{16}{r^2}=0 \tag{7.19}$$

式 (7.19) から r を求めると, $r>0$ より

$r^2 = 16$

$\therefore \quad r = 4\ \Omega$ (7.20)

式 (7.20) を式 (7.17) に代入して最大の端子電圧 E_0 は

$$E_0 = \frac{80}{4 + 18 + \frac{16}{4}} = \frac{80}{26} = \frac{40}{13}\ \text{V} \tag{7.21}$$

(**注意**) 式 (7.17) においては，変数 r を分母のみに整理している。このように分母，分子に変数が存在する場合は，分母もしくは分子のどちらか一方に変数を整理すると解きやすい。

7.3 電力の条件について

電力の条件としては，任意の回路における抵抗の消費電力の最大，最小の条件について以下に例をあげ説明する。

[例題] **7.5** 図 7.5 に示す回路において，電力を最大に消費する抵抗 R の条件と抵抗の最大消費電力 $P_{\max}$ を求めよ。さらにこのときの R の端子電圧 E_0 を求めよ（通常，r は電池 E の内部抵抗に相当するもので定数として扱う）。

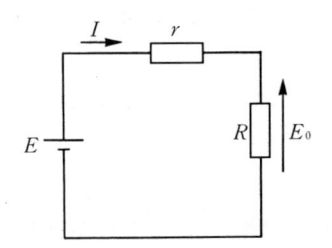

図 7.5 電力の条件（最大値）

[解] 流れる電流 I を用いて R の消費電力 P を $P = I^2 R$ から求め，P の 1 次微分を零 $(dP(R)/dR = 0)$ とおくことにより R が求まる。

回路に流れる電流 I はオームの法則から

$$I = \frac{E}{r + R} \tag{7.22}$$

R の端子電圧 E_0 は式 (7.22) を用いて

$$E_0 = IR = \frac{E}{r + R} R = \frac{R}{r + R} E \tag{7.23}$$

R の消費電力 P は，$P = I^2 R$ よりこれに式 (7.22) を代入して

$$P = I^2 R = \left(\frac{E}{r+R}\right)^2 R = \frac{RE^2}{r^2 + 2rR + R^2} = \frac{E^2}{\dfrac{r^2}{R} + 2r + R} \tag{7.24}$$

式 (7.24) の P が最大になる R を求めるには，式 (7.24) の分母を $P(R)$ とおくとこれが最小になる条件を求めることと同様なので，ここでは $dP(R)/dR = 0$ から R を求める．

$$P(R) = \frac{r^2}{R} + 2r + R \tag{7.25}$$

$$\frac{dP(R)}{dR} = -\frac{r^2}{R^2} + 1 = 0 \tag{7.26}$$

式 (7.26) から R を求めると，$R>0$ より

$$R^2 = r^2 \tag{7.27}$$

$$\therefore \quad R = r$$

式 (7.27) を式 (7.24) に代入して $P_{\max}$ を r と E で表すと

$$P_{\max} = \frac{E^2}{\dfrac{r^2}{r} + 2r + r} = \frac{E^2}{4r} \tag{7.28}$$

上式の $P_{\max}$ は，電池の内部抵抗 r と接続した負荷抵抗 R が等しくなったとき，R の消費電力が最大になることを表し，これを **整合**（matching）ともいう．整合したときの R の端子電圧 E_0 は，式 (7.27) を式 (7.23) に代入して次式となる．

$$E_0 = \frac{r}{r+r} E = \frac{E}{2} \tag{7.29}$$

すなわち，整合すると電源の電圧の 1/2 が負荷抵抗 R に現れることになる．

演 習 問 題

(1) 図 7.1 に示した回路において，a〜b 間の全抵抗を 240 Ω とする．$I_R = I/3$ となるための r_1，r_2 の値を求めよ．
(2) 図 7.6 (a)，(b) に示す回路において，R の端子電圧 E_R が等しくなるような R の値を定めよ．
(3) 図 7.7 (a) に示すように，起電力 1 V，内部抵抗 1 Ω の電池 36 個を用いて，負荷抵抗 $R_L = 1$ Ω に流れる電流 I_L が最大になる電池の接続法すなわち n，m を求めよ．ただし，電池は n 個の直列接続が m 個並列接続されているものとする．ここで，第 15 章で述べるテブナンの定理を用いると図 (a) は図 (b) のように変換できるのでこれを用いて解くこと．
(4) 図 7.8 に示す回路において，可変抵抗器 R を変化させたとき R の消費電力が最大になる R の値を定めよ．ただし，回路に流れる電流 I は一定とし，r_1，r_2 も定数とする．

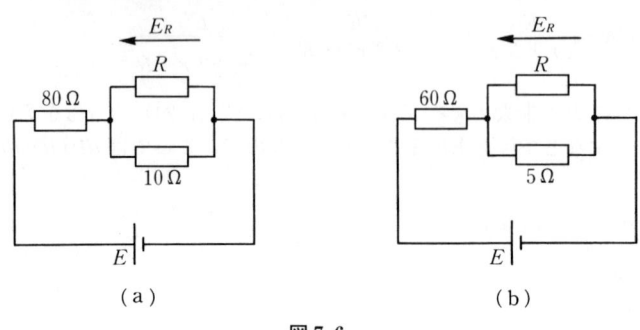

図7.6

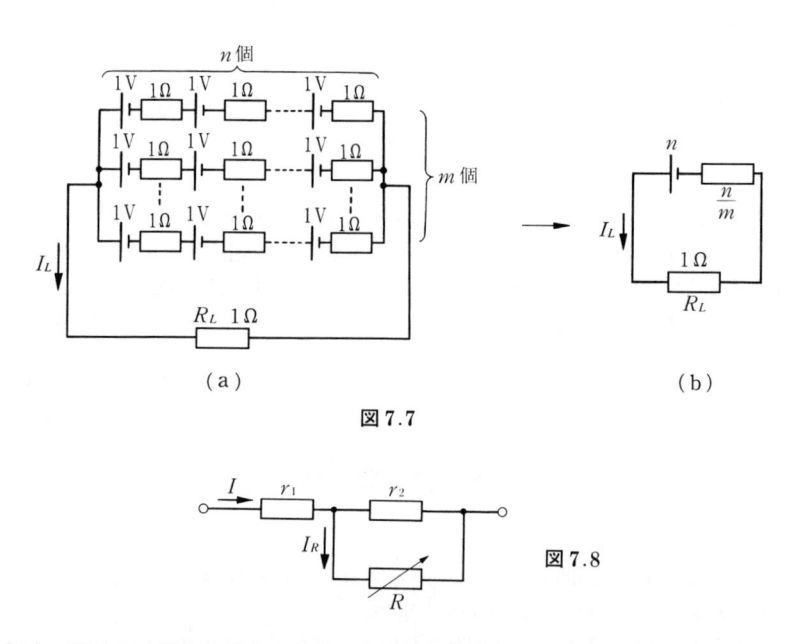

図7.7

図7.8

(5) 図7.9に示す回路において，抵抗 R の消費電力が最大になる R の値を定め，このときの R の最大消費電力 P_{max} を求めよ。

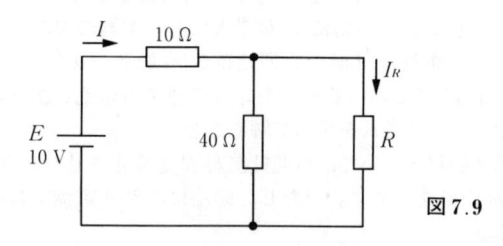

図7.9

8 正弦波交流

発電所から家庭や会社などに供給されている電源は，時間に対して大きさと方向が周期的に変化する電圧や電流の波で表され，交流と呼ばれている。

いままで学んだ，時間に対して大きさと方向が一定の直流回路の電源に比較して，交流は取り扱いがやや複雑になるが，直流回路と同様にオームの法則やキルヒホッフの法則が成立するので基本的には同じといえる。

8.1 交　　流

時計の振り子を思い浮かべていただけるとわかるように，振り子は左右に一定の時間間隔（周期）で動いている。振り子の動きと同様に，時間に対して大きさと方向が周期的に変化する電圧や電流の波を**交流**（alternating current, 記号 AC）と呼ぶが，電流を例にとり説明すると交流は波形によって図 8.1 に示すように分類できる。

```
周期電流          ┌─ 脈動電流
i(t+T)=i(t)       │                 ┌─ 対称交流電流   i(t+T/2)=-i(t)
                  └─ 交流電流 ──────┤
                                    └─ 非対称交流電流 i(t+T/2)≠-i(t)
```

図 8.1　交流の波形による分類

さらに分類をわかりやすくするために，図 8.2 に波形の一例を示す。ここで t は時間，T は**周期**（period）および $T/2$ は半周期を表している。周期電流とは，時間 t を 1 周期移動（$t \to t+T$）したときの波形 $i(t+T)$ と，もとの波

62   8. 正弦波交流

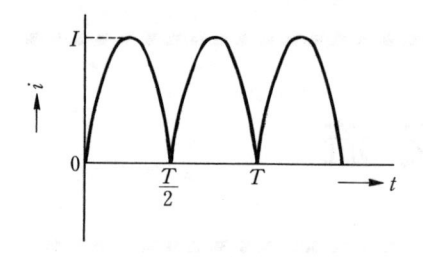

(a) 脈動電流
（全波整流波）

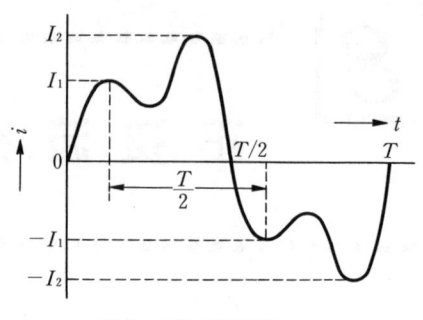

(b) 対称交流電流
$i\left(t+\dfrac{T}{2}\right)=-i(t)$

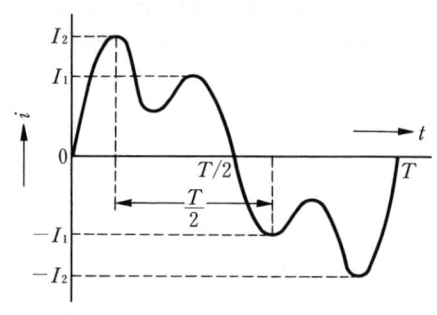

(c) 非対称交流電流
$i\left(t+\dfrac{T}{2}\right)\neq -i(t)$

図 8.2 交流波形の例

形 $i(t)$ がちょうど重なる電流のことで，交流電流がこれに含まれる。

　交流電流は対称波と非対称波の電流に大別される。対称交流電流は，時間 t を半周期移動 ($t\to t+T/2$) したときの波形 $i(t+T/2)$ と，もとの波形 $i(t)$ が図（b）のように正負が反転して大きさが等しい波形となる。非対称交流電流は，図（c）のように正負は反転するが大きさは等しくない波形となる。本テキストで扱う正弦波交流は，対称交流電流・電圧の一部として含まれるが，人間が作り出した基本的な波といえる。

8.2 正弦波交流の瞬時値と位相

　正弦波交流は時間の経過に対して，波の大きさすなわち**振幅**（amplitude）

8.2 正弦波交流の瞬時値と位相

が**正弦波**（sine wave）状に変化する電圧や電流を表し，このように時々刻々変化する電圧や電流の波形を**瞬時値**（instantaneous value）という。正弦波交流の回路記号とその波形については，すでに第1章の表1.1に記してある。

正弦波交流の電流の瞬時値，すなわち瞬時電流について考えてみよう。瞬時電流 $i(t)$ は次式のような時間関数で表せるが，かっこの中の t は慣例的に書かないことが多いので，以下省略して i と書く。

$$i = I_m \sin(\omega t + \theta_0) \tag{8.1}$$

上式において，I_m, ω, θ_0 は定数となりつぎのように呼ばれている。

　　I_m：最大値〔A〕

　　I：実効値〔A〕，後述するが正弦波交流の場合は $I = I_m/\sqrt{2}$ となる

　　ω：角周波数〔rad/s〕

　　θ_0：初期位相または位相角〔radian，記号 rad〕もしくは〔度，記号°〕

電圧の瞬時値 $e(t)$ についても電流の場合と同様に次式となる。

$$e = E_m \sin(\omega t + \theta_0) \tag{8.2}$$

ここで $\theta_0 = 0$ のときの正弦波交流波形を作図してみよう。図8.3に示すように，電球に正弦波交流電圧 $e = E_m \sin \omega t$ を印加したとき，回路に電流 $i = I_m \sin \omega t$ が流れたとする。

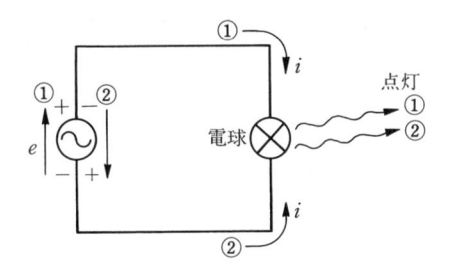

図8.3 正弦波交流による電球の点灯

この正弦波交流電流 i を作図すると**図8.4**となる。図（a）は，中心をOとして最大値 I_m の矢印で示してある電流 i が，反時計方向に角周波数 ω で回転（単振動）しているようすを表している。電流 i は，$t=0$ のときaからスタートし，順次a→b→c→d→e→f→g→hと1回転してもとのaに戻る。これが1周期に相当する。

8. 正弦波交流

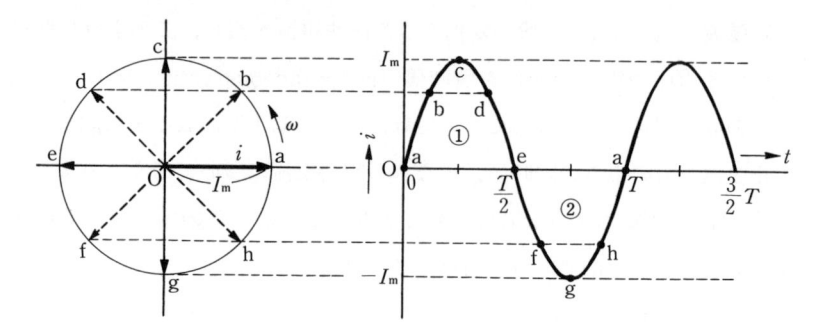

(a) ω で反時計方向に回転する電流 i

(b) 各点を電流 i の縦軸に投影して横軸を時間 t でとった波形

図 8.4　正弦波交流 ($i = I_m \sin \omega t$) の波形

つぎに矢印の各点を図 (b) に示す電流 i の縦軸に投影して，さらに横軸を時間 t で引っ張ると，図のような正弦波交流電流が描ける。波形の ① (a～e の間) を正の半周期，② (e～a の間) を負の半周期と呼んでいるが，これは図 8.3 に示す電圧と電流の方向 ①，② に対応している。すなわち電流の正，負の符号は，電流の流れる方向を示し，いずれの半周期においても電球は点灯して光を放出している。つぎに**周期**と**周波数**の関係および**角周波数**について説明する。

周波数 f は，1 秒間あたりの周期 T の繰り返し数で定義され次式となる。

$$f = \frac{1}{T} \tag{8.3}$$

それぞれの単位は

　　周　期 T：秒〔second，記号 s〕
　　周波数 f：ヘルツ〔Hertz，記号 Hz〕

したがって，周波数の単位〔Hz〕は，実質的には〔1/s〕となる。

角周波数 ω は，反時計方向に等速円運動する円周上の点において，単位時間 dt あたりの角度の変化 $d\theta$ で定義され，次式で表される。

$$\omega = \frac{d\theta}{dt} \tag{8.4}$$

8.2 正弦波交流の瞬時値と位相

上式を変形して $d\theta = \omega dt$ から θ を求めると

$$\theta = \omega t \tag{8.5}$$

ここで上式に $t=T$ を代入して，すなわち1回転（1周期に相当する）すると $\theta = \omega T = 2\pi$ となる。これに周波数 $f=1/T$ を代入して ω を求めると

$$\omega = \frac{2\pi}{T} = 2\pi \left(\frac{1}{T}\right) = 2\pi f \tag{8.6}$$

上式は交流回路を扱う際多く使用されるので，覚えておくことをおすすめする。また角周波数は，物理の分野では角速度と呼ばれている。

位相（角度）を表す単位には，〔rad〕と〔度〕があるが，$360° = 2\pi$〔rad〕より，1〔rad〕は次式で表される。

$$1 \text{〔rad〕} = \frac{360°}{2\pi} = \frac{180°}{\pi} \tag{8.7}$$

正弦波交流の位相の進み遅れについて考え，波形を作図してみよう。位相差がない場合の瞬時値は，すでに説明したように $i = I_\mathrm{m} \sin \omega t$ で表され，図8.4にその波形が示してある。

（1）位相が θ_0 進んでいる場合：$i = I_\mathrm{m} \sin(\omega t + \theta_0)$　　図8.5にその波形を示す。図（a）から $t=0$ のとき，すでに θ_0 反時計方向に回転しているので，これを図（b）の電流の縦軸に投影すると $I_\mathrm{m} \sin \theta_0$ の大きさから波形がスタートする。横軸においては，時間 t と角度 θ について $\omega t = \theta$ の関係から

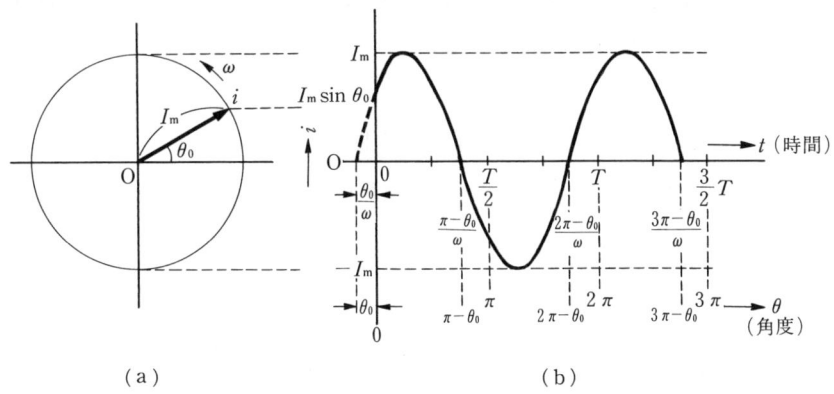

図 8.5　$i = I_\mathrm{m} \sin(\omega t + \theta_0)$ の波形（θ_0 の進み）

$t=\theta/\omega$ に変換している。そのため横軸は必要に応じて，時間もしくは角度で表示を行う。

まとめると，**位相が θ_0 進んでいる場合の波形は，図 8.4 のもとの波形に比べて，波形全体が左側に θ_0 移動する**ことがわかる。

（2）**位相が θ_0 遅れている場合：$i=I_\mathrm{m}\sin(\omega t-\theta_0)$**　　図 8.6 にその波形を示す。図（a）から $t=0$ のとき，まだ θ_0 反時計方向の回転が不足しているので，これを図（b）の電流の縦軸に投影すると $-I_\mathrm{m}\sin\theta_0$ の大きさから波形がスタートすることになる。

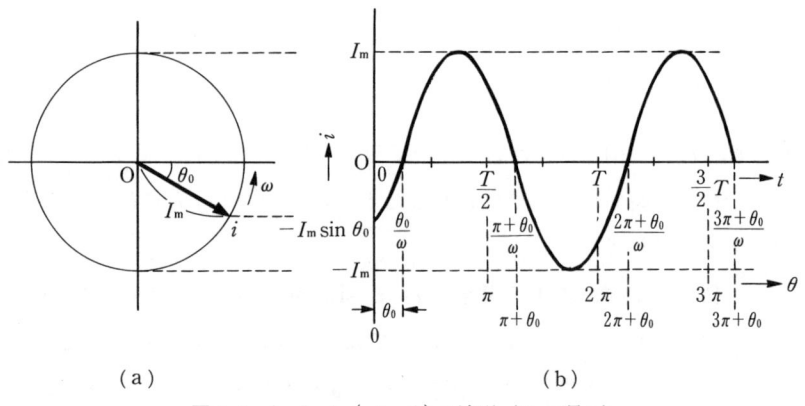

(a)　　　　　　　　　(b)

図 8.6　$i=I_\mathrm{m}\sin(\omega t-\theta_0)$ の波形（θ_0 の遅れ）

まとめると，**位相が θ_0 遅れている場合の波形は，図 8.4 のもとの波形に比べて，波形全体が右側に θ_0 移動する**ことがわかる。

[例題] 8.1　正弦波交流電圧の瞬時値 $e=100\sqrt{2}\sin 100\pi t$ において，最大値 E_m，実効値 E，角周波数 ω，周波数 f，周期 T を求め，波形を画く。

[解]　電圧の瞬時値は次式のように変形できるので，この式から上記の値が簡単に求まる。

$$e=E_\mathrm{m}\sin\omega t=\sqrt{2}E\sin(2\pi ft)$$

上式から

$E_\mathrm{m}=100\sqrt{2}$ V,　　$E=100$ V,　　$\omega=100\pi$ 〔rad/s〕,

$f=50$ Hz,　　$T=\dfrac{1}{f}=\dfrac{1}{50\text{ Hz}}=0.02$ s

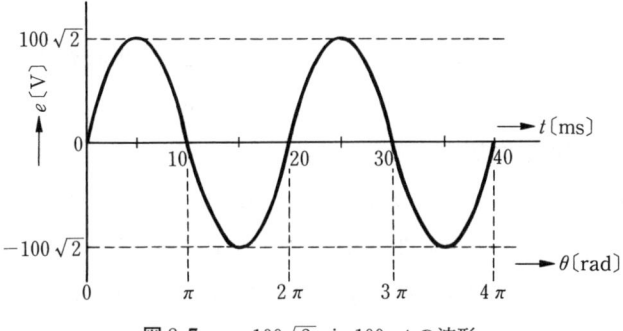

図 8.7　$e=100\sqrt{2}\sin 100\pi t$ の波形

この波形を図 8.7 に示す。

[例題] 8.2　例題 8.1 において，位相が $\pi/2$ 進んだときの瞬時値を作図せよ。

[解]　この瞬時値は $e=E_\mathrm{m}\sin(\omega t+\pi/2)$ となるので，図 8.7 に示す波形全体が左側に $\pi/2$ 移動することになる。この波形を図 8.8 に示す。

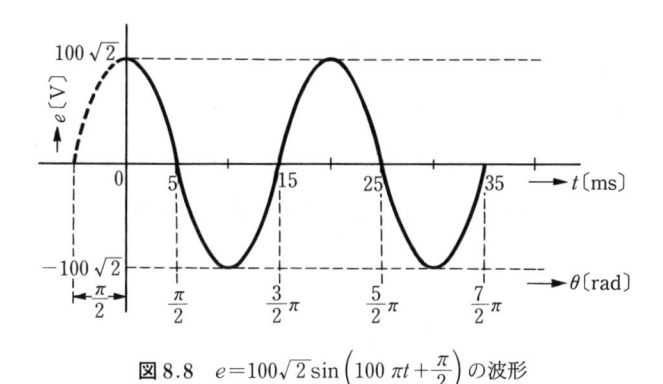

図 8.8　$e=100\sqrt{2}\sin\left(100\pi t+\dfrac{\pi}{2}\right)$ の波形

8.3　正弦波交流の平均値と実効値

交流の大きさと波形を表す一般的な方法として，平均値と実効値が使われている。

8.3.1 平　均　値

平均値（average value または mean value）には，**半周期平均値と1周期平均値**（一般にこれを平均値と呼んでいる）が定義されている。

（1）半周期平均値　正弦波交流のような周期関数の対称波は，時間軸に対して正および負の半周期の面積が等しいため，1周期で平均をとると数学的には零となる。しかし図8.3で電球の例をあげて説明したように，電気的には負の半周期においては電流の流れる向きが逆方向となるが，正の半周期と同様に電球に電力を供給して電球を点灯させている。そのため**1周期で平均すると零になる周期関数の対称波においては，半周期に対する平均値，すなわち半周期平均値**を用いる。

電流と電圧の半周期平均値 I_a，E_a は，電流と電圧の瞬時値をそれぞれ i，e とおくとつぎのように定義される。

$$I_a = \frac{1}{T/2}\int_0^{\frac{T}{2}} i\,dt = \frac{2}{T}\int_0^{\frac{T}{2}} i\,dt$$
$$E_a = \frac{1}{T/2}\int_0^{\frac{T}{2}} e\,dt = \frac{2}{T}\int_0^{\frac{T}{2}} e\,dt \tag{8.8}$$

（2）1周期平均値　図8.9（a）に示す正弦波交流電圧に直流電圧が加わった（重畳した）波形や図（b）のディジタル波形（パルス波形）などの周期関数をはじめ，1周期で平均しても面積が零にならない交流の周期関数に

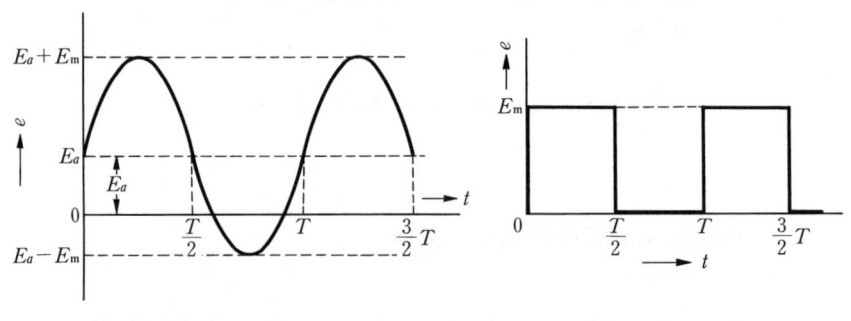

（a）　$e = E_a + E_m \sin \omega t$　　　　（b）　ディジタル波形

図8.9　1周期で平均しても面積が零にならない周期関数

8.3 正弦波交流の平均値と実効値

おいては，1周期平均値（平均値）を用いる．

電流と電圧の1周期平均値 I_a, E_a は，電流と電圧の瞬時値をそれぞれ i, e とおくと次式で定義される．

$$I_a = \frac{1}{T}\int_0^T i\,dt$$
$$E_a = \frac{1}{T}\int_0^T e\,dt \tag{8.9}$$

ここで正弦波交流電流 $i = I_m \sin \omega t$ の平均値 I_a を求めてみよう．半周期平均値の定義式を用いると次式のようになる．

$$\begin{aligned}
I_a &= \frac{1}{T/2}\int_0^{\frac{T}{2}} i\,dt = \frac{2}{T}\int_0^{\frac{T}{2}} I_m \sin \omega t\,dt = \frac{2\,I_m}{T}\int_0^{\frac{T}{2}} \sin \omega t\,dt \\
&= \frac{2\,I_m}{T}\left[-\frac{1}{\omega}\cos \omega t\right]_0^{\frac{T}{2}} = -\frac{2\,I_m}{\omega T}\left[\cos \omega t\right]_0^{T/2} \\
&= -\frac{2\,I_m}{2\pi}\left[\cos \frac{\omega T}{2} - \cos 0\right] = -\frac{I_m}{\pi}\left[\cos \frac{2\pi}{2} - 1\right] \\
&= -\frac{I_m}{\pi}[-1-1] = \frac{2}{\pi}I_m = 0.637\,I_m
\end{aligned} \tag{8.10}$$

正弦波交流電圧の場合も同様に，平均値を E_a とおくと次式になる．

$$E_a = \frac{1}{T/2}\int_0^{\frac{T}{2}} e\,dt = \frac{2}{T}\int_0^{\frac{T}{2}} E_m \sin \omega t\,dt = \frac{2}{\pi}E_m = 0.637\,E_m \tag{8.11}$$

8.3.2 実 効 値

実効値（effective value または root mean square value：rms 値）とは，交流を直流に対応させ，それぞれの消費電力が等しくなるように，交流の電流と電圧を直流の電流と電圧に換算した値のことをいう．

例えば，直流の 100 V の電圧で電球を点灯させたら消費電力が 100 W であった．これと同じ電球を交流で点灯させたとき消費電力が 100 W になるような交流の電圧を実効値の 100 V と呼ぶ．ここで電流，電圧のそれぞれの実効値 I, E は，1周期に対する瞬時値の2乗の平均値の平方根で表され，次式で定義される．

$$I = \sqrt{\frac{1}{T}\int_0^T i^2 dt}$$

$$E = \sqrt{\frac{1}{T}\int_0^T e^2 dt} \tag{8.12}$$

上式をみるとわかるように，実効値の場合は瞬時値 i，e を2乗しているので，周期関数の対称波，非対称波に関係なく面積の2乗がすべて正となることから，平方根の中は1周期で平均をとってよいことがわかる。

ここで正弦波交流電流 $i = I_m \sin \omega t$ の実効値 I を求めてみよう。

$$I = \sqrt{\frac{1}{T}\int_0^T i^2 dt} = \sqrt{\frac{1}{T}\int_0^T (I_m \sin \omega t)^2 dt} = \sqrt{\frac{I_m^2}{T}\int_0^T \sin^2 \omega t dt}$$

上式に，加法定理の半角の式より $\sin^2 \omega t = (1 - \cos 2\omega t)/2$ を代入して

$$I = \sqrt{\frac{I_m^2}{T}\int_0^T \left(\frac{1-\cos 2\omega t}{2}\right) dt} = \sqrt{\frac{I_m^2}{2T}\int_0^T (1-\cos 2\omega t) dt}$$

$$= \sqrt{\frac{I_m^2}{2T}\left[t - \frac{1}{2\omega}\sin 2\omega t\right]_0^T} = \sqrt{\frac{I_m^2}{2T}\left[T - \frac{1}{2\omega}\sin 2\omega T\right]}$$

ここで $\omega T = 2\pi$ を上式に代入すると $\sin 4\pi = 0$ より

$$\therefore \quad I = \sqrt{\frac{I_m^2}{2T} \times T} = \sqrt{\frac{I_m^2}{2}} = \frac{I_m}{\sqrt{2}} = 0.707 I_m \tag{8.13}$$

正弦波交流電圧の場合も同様に，実効値を E とおくと次式になる。

$$E = \sqrt{\frac{1}{T}\int_0^T e^2 dt} = \sqrt{\frac{1}{T}\int_0^T (E_m \sin \omega t)^2 dt} = \frac{E_m}{\sqrt{2}} = 0.707 E_m \tag{8.14}$$

まとめとして正弦波交流電流や電圧は，慣例として実効値で表し，一般に実効値と断らない場合が多い。

例えば**100 V の交流電圧といえば，実効値が 100 V，最大値が $100\sqrt{2}=$ 141.4 V の正弦波交流電圧**を意味している。

また正弦波交流ではない任意の交流において，どの程度正弦波交流に類似しているかを表すのに，波高率や波形率が定義されているがここでは省略する。

8.4 任意の交流波形の平均値と実効値

任意の交流波形の平均値と実効値について，以下に例題を示して説明する。

[例題] 8.3 図 8.10 に示す方形波電流の平均値 I_a と実効値 I を求めよ。

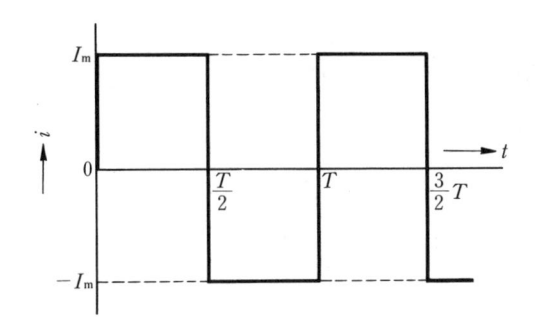

図 8.10 方形波

[解] 電流の瞬時値は，時間 t が $(0 \leq t \leq T/2)$ の区間では $i=I_m$，$(T/2 \leq t \leq T)$ の区間では $i=-I_m$ となる。平均値を求めるときは，正および負の半周期の面積が等しいので半周期平均値を用いる。

$$I_a = \frac{2}{T}\int_0^{T/2} i\,dt = \frac{2}{T}\int_0^{T/2} I_m\,dt = \frac{2\,I_m}{T}\int_0^{T/2} dt = \frac{2\,I_m}{T}[t]_0^{T/2}$$
$$= \frac{2\,I_m}{T} \times \frac{T}{2} = I_m \tag{8.15}$$

$$I = \sqrt{\frac{1}{T}\int_0^T i^2\,dt} = \sqrt{\frac{1}{T}\left\{\int_0^{T/2} I_m^2\,dt + \int_{T/2}^T (-I_m)^2\,dt\right\}} = \sqrt{\frac{1}{T}\int_0^{T/2} I_m^2\,dt \times 2}$$
$$= \sqrt{\frac{2\,I_m^2}{T}\int_0^{T/2} dt} = \sqrt{\frac{2\,I_m^2}{T}[t]_0^{T/2}} = \sqrt{\frac{2\,I_m^2}{T} \times \frac{T}{2}} = I_m \tag{8.16}$$

したがって，方形波の場合，平均値と実効値が等しくなる。

[例題] 8.4 図 8.11 に示す，のこぎり波（鋸歯状波）電圧の平均値 E_0 と実効値 E を求めよ。

[解] のこぎり波電圧の瞬時値は，時間 t が $(0 \leq t \leq T/2)$ の区間では，$e=[E_m/(T/2)]t=(2\,E_m/T)t$，$(T/2 \leq t \leq T)$ の区間では $e=0$ となる。

平均値は，この波形の面積が正のみであるから 1 周期平均値を用いる。

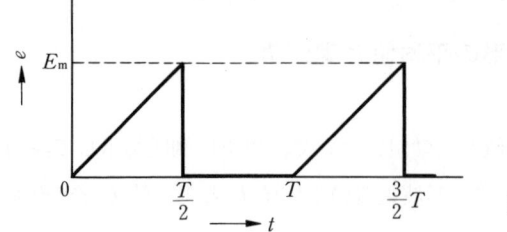

図 8.11 のこぎり波

$$E_a = \frac{1}{T}\int_0^T e\,dt = \frac{1}{T}\int_0^{\frac{T}{2}} \frac{2E_m}{T} t\,dt = \frac{2E_m}{T^2}\int_0^{\frac{T}{2}} t\,dt = \frac{2E_m}{T^2}\left[\frac{t^2}{2}\right]_0^{\frac{T}{2}}$$
$$= \frac{2E_m}{T^2}\left[\frac{1}{2}\left(\frac{T}{2}\right)^2\right] = \frac{E_m}{4} \tag{8.17}$$

$$E = \sqrt{\frac{1}{T}\int_0^T e\,dt} = \sqrt{\frac{1}{T}\int_0^{\frac{T}{2}}\left(\frac{2E_m}{T}t\right)^2 dt} = \sqrt{\frac{4E_m^2}{T^3}\int_0^{\frac{T}{2}} t^2\,dt}$$
$$= \sqrt{\frac{4E_m^2}{T^3}\left[\frac{t^3}{3}\right]_0^{\frac{T}{2}}} = \sqrt{\frac{4E_m^2}{T^3}\left[\frac{1}{3}\left(\frac{T}{2}\right)^3\right]} = \sqrt{\frac{E_m^2}{6}} = \frac{E_m}{\sqrt{6}} \tag{8.18}$$

[例題] 8.5 図 8.12 に示す,方形波電圧に直流電圧が重畳した波形において,平均値(直流分)E_a と実効値 E を求めよ。

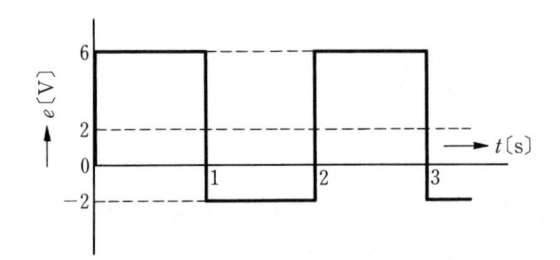

図 8.12 直流を重畳した方形波

[解] 電圧の瞬時値は,時間 t が $(0 \leq t \leq 1\,\mathrm{s})$ の半周期では,$e = 6\,\mathrm{V}$,$(1\,\mathrm{s} \leq t \leq 2\,\mathrm{s})$ の半周期では $e = -2\,\mathrm{V}$ となる。平均値を求める際は,1周期に対する正および負の面積が等しくないので,1周期平均値を用いる。

$$E_a = \frac{1}{T}\int_0^T e\,dt = \frac{1}{2}\left[\int_0^1 6\,dt + \int_1^2 (-2)\,dt\right] = \frac{1}{2}\left[6[t]_0^1 - 2[t]_1^2\right]$$
$$= \frac{1}{2}[6 \times 1 - 2(2-1)] = \frac{4}{2} = 2\,\mathrm{V} \tag{8.19}$$

$$E = \sqrt{\frac{1}{T}\int_0^T e^2\,dt} = \sqrt{\frac{1}{2}\left[\int_0^1 6^2\,dt + \int_1^2 (-2)^2\,dt\right]} = \sqrt{\frac{1}{2}\left[36[t]_0^1 + 4[t]_1^2\right]}$$

8.4 任意の交流波形の平均値と実効値

$$= \sqrt{\frac{1}{2}[36 \times 1 + 4(2-1)]} = \sqrt{\frac{1}{2}[36+4]} = \sqrt{20} = 4.47 \text{ V} \qquad (8.20)$$

別解 例題 8.5 のように，時間 t の変化に対して波形の大きさが変化しない特別な場合は，積分を用いることなく以下のように面積から単純に求めることができる。

$$E_a = \frac{6 \text{ V} \times 1 \text{ s} + (-2 \text{ V}) \times 1 \text{ s}}{2 \text{ s}} = 2 \text{ V} \qquad (8.21)$$

$$E = \sqrt{\frac{(6 \text{ V})^2 \times 1 \text{ s} + (-2 \text{ V})^2 \times 1 \text{ s}}{2 \text{ s}}} = \sqrt{\frac{36+4}{2}} = \sqrt{20} = 4.47 \text{ V} \qquad (8.22)$$

例題 8.6 図 8.13 に示す，サイリスタによる半波整流位相制御波形（アミの部分）の平均値 E_a と実効値 E を求めよ。さらに $\alpha = \pi/4$ のときの平均値と実効値を求めよ。これはおもに直流を交流に変換するインバータなどに用いられ，α を点弧角と呼んでいる。

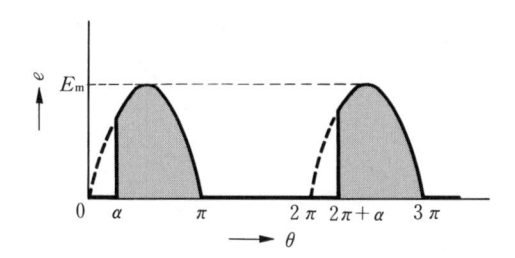

α：点弧角
図 8.13 位相制御波形

解 位相制御波形の横軸は，時間 t より角度 θ でとるのが実用的といえる。アミの部分の瞬時値は，1 周期のうち角度 θ が ($\alpha \leq \theta \leq \pi$) の区間では $e = E_m \sin \theta$，そのほかの区間では $e = 0$ となる。平均値を求める際は，この波形の面積が正のみであるから 1 周期平均値を用いる。

$$E_a = \frac{1}{2\pi} \int_0^{2\pi} e \, d\theta = \frac{1}{2\pi} \int_\alpha^\pi E_m \sin \theta \, d\theta = \frac{E_m}{2\pi} \int_\alpha^\pi \sin \theta \, d\theta$$

$$= \frac{E_m}{2\pi} [-\cos \theta]_\alpha^\pi = \frac{E_m}{2\pi} [-\cos \pi - (-\cos \alpha)] = \frac{E_m}{2\pi} [1 + \cos \alpha] \qquad (8.23)$$

$$E = \sqrt{\frac{1}{2\pi} \int_0^{2\pi} e^2 \, d\theta} = \sqrt{\frac{1}{2\pi} \int_\alpha^\pi (E_m \sin \theta)^2 \, d\theta} = \sqrt{\frac{E_m^2}{2\pi} \int_\alpha^\pi \sin^2 \theta \, d\theta}$$

上式に，加法定理の半角の式より $\sin^2 \theta = (1 - \cos 2\theta)/2$ を代入して

$$E = \sqrt{\frac{E_m^2}{2\pi} \int_\alpha^\pi \left(\frac{1 - \cos 2\theta}{2}\right) d\theta} = \sqrt{\frac{E_m^2}{4\pi} \left[\theta - \frac{1}{2} \sin 2\theta\right]_\alpha^\pi}$$

$$= \sqrt{\frac{E_m^2}{4\pi} \left[\pi - \alpha + \frac{1}{2} \sin 2\alpha\right]} = \frac{E_m}{2} \sqrt{1 - \frac{\alpha}{\pi} + \frac{1}{2\pi} \sin 2\alpha} \qquad (8.24)$$

式 (8.23)，(8.24) に $\alpha = \pi/4$ を代入して平均値 E_a と実効値 E を求めると

$\therefore\ E_a = 0.27\,E_m,\quad E = 0.48\,E_m$ (8.25)

演 習 問 題

(1) 正弦波交流電圧の瞬時値 $e = 100\sqrt{2}\,\sin 100\pi t$ において $e = 50\sqrt{2}$ V となるのは，この電圧が 0 V である瞬間から何秒後か．

(2) 正弦波交流電圧の瞬時値 $e = 50\sqrt{2}\,\sin(200\pi t + \pi/3)$ の最大値 E_m，実効値 E，角周波数 ω，周波数 f，周期 T および位相角 ϕ を求めよ．

(3) 図 8.14 に示すパルス波形の平均値 E_a と実効値 E を求めよ．

(4) 図 8.15 に示す波形の平均値 E_a と実効値 E を求めよ．

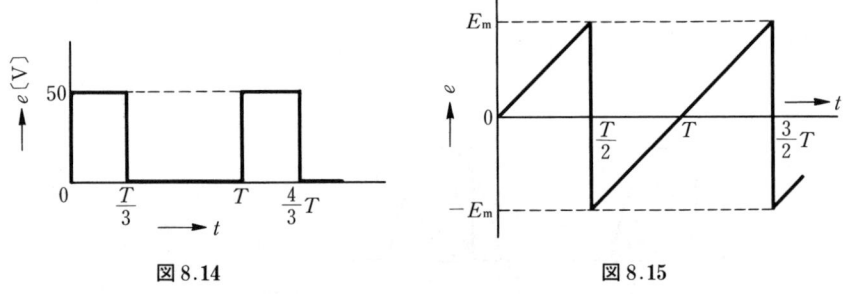

図 8.14

図 8.15

(5) 図 8.16 に示す三角波の平均値 E_a と実効値 E を求めよ．

(6) 図 8.17 に示す 2 乗波の平均値 E_a と実効値 E を求めよ．ただし，時間 t の $(0 \leq t \leq T/2)$ における瞬時値 e は，$e = at^2$（a は定数）とする．

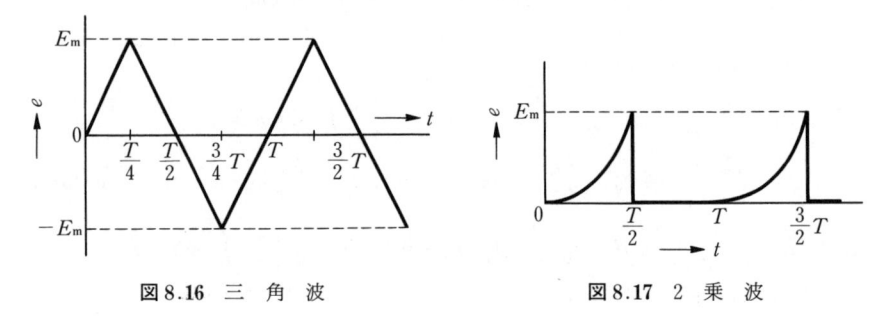

図 8.16 三 角 波

図 8.17 2 乗 波

9 フェーザ表示法による交流回路の取り扱い

交流回路に流れる電流や端子電圧などを求める際，正弦波交流電圧，電流およびインピーダンスを複素数表示して計算すると，交流回路の取り扱いが簡単に行える。本章では正弦波交流の計算を複素数で取り扱う方法，いわゆるフェーザ表示法（記号法ともいう）について学ぶ。

9.1 複素数の基礎

複素数（complex number）については，すでに学んでいると思われるが，交流回路のフェーザ表示法を習得する際必要となる基本的事項について以下に説明する。ここで**フェーザ**（phasor）とは，位相をもつベクトルを意味している。

複素数 $\dot{A}$ は**実部** a と**虚部** b からなり，一般に次式のように表現する。

$$\dot{A} = a + jb \tag{9.1}$$

ここで平方根の中が負となる数を**虚数**という。特に平方根の中が-1となる $j=\sqrt{-1}$ を**虚数単位**と呼び，$j^2=-1$ で表す。

複素数 $\dot{A}$ に対して，$\bar{A}$ を**共役複素数**と呼び次式のように表す。

$$\bar{A} = a - jb \tag{9.2}$$

したがって，それぞれの積をとると次式となる。

$$\dot{A} \cdot \bar{A} = (a+jb)(a-jb) = a^2 + b^2 \tag{9.3}$$

- （注1） 本書では記号 A が複素数で表されている場合には，A の上に・（ドット）を付けて $\dot{A}$ で表現する。
- （注2） 数学では虚数単位の記号に i を使うが，電気の分野では電流の i と混同しやすいので，虚数単位の記号に j を用いる。

(**注3**) 複素数の表示法としての虚数単位の位置は，数学では $a+bi$ と b の後に i を付けるが，電気の分野では $a+jb$ のように b の前に j を付ける慣例となっている。

9.2 ベクトルの複素数による表示（フェーザ表示）

交流回路における電圧や電流などは，大きさと方向をもった**ベクトル** (vector) として，すなわち電圧ベクトルや電流ベクトルとして表すことができる。ここでは複素ベクトル $\dot{A}=a+jb$ を複素平面で表してみよう。

図9.1 に，上記ベクトルを直角座標系で表した複素平面を示す。

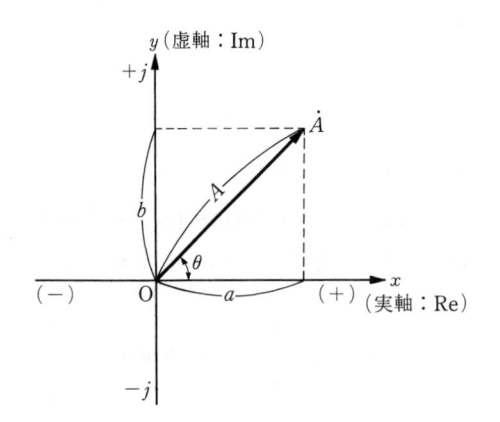

図9.1 複素ベクトル $\dot{A}=a+jb$ の直角座標表示

図から横軸（x 軸）を**実軸**（real axis，記号 Re），縦軸（y 軸）を**虚軸** (imaginary axis，記号 Im) という。ここでベクトル $\dot{A}$ の大きさ（絶対値）を A とおくと，その実軸成分が a，虚軸成分が b に相当する。さらに，ベクトル $\dot{A}$ と実軸とのなす角（**偏角**または**位相角**）を θ とおくと次式が成立する。

$$\begin{aligned}
A &= |\dot{A}| = \sqrt{a^2+b^2} \\
a &= A\cos\theta \\
b &= A\sin\theta \\
\theta &= \tan^{-1}\frac{b}{a}
\end{aligned} \tag{9.4}$$

つぎに上式を用いて、ベクトル $\dot{A}$ を大きさ A と偏角 θ で表すと次式になる。

$$\dot{A} = a + jb = A(\cos\theta + j\sin\theta) = A\angle\theta \tag{9.5}$$

この $A\angle\theta$ の表示方法について、数学では極座標表示と呼ぶが、電気の分野では**極形式**による**フェーザ表示**と呼んでいる。これを図 **9.2** に示す。

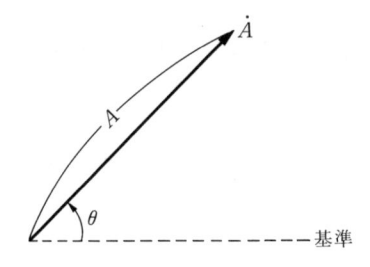

図 9.2 $\dot{A} = A\angle\theta$ によるフェーザ（極形式）表示

式（9.6）に**オイラー**（Euler）の式を示した。式（9.5）を指数関数で表すと式（9.8）になる。またオイラーの式の大きさ、すなわち絶対値が 1 になることを式（9.7）に示した。

$$e^{j\theta} = \cos\theta + j\sin\theta \tag{9.6}$$

$$|e^{j\theta}| = \sqrt{\cos^2\theta + \sin^2\theta} = 1 \tag{9.7}$$

$$\dot{A} = a + jb = A(\cos\theta + j\sin\theta) = Ae^{j\theta} = A\angle\theta \tag{9.8}$$

式（9.8）は、フェーザ表示の指数関数と極形式の関係を表す重要な式である。

例題 9.1 つぎの電流 $\dot{I}$ をフェーザ表示による極形式と指数関数で表し、複素平面に画く。

$$\dot{I} = 4 + j3 \ [\text{A}]$$

解 電流 $\dot{I}$ の大きさと偏角について、直角三角形のピタゴラスの定理により求め、フェーザ表示する。偏角の計算は関数電卓を用いる。

図 **9.3** に複素平面に表した複素電流を示す。

$$\dot{I} = \sqrt{4^2 + 3^2} \angle \tan^{-1}\left(\frac{3}{4}\right) = \sqrt{25} \angle 36.9° = 5\angle 36.9° = 5\,e^{j36.9°} \ [\text{A}]$$

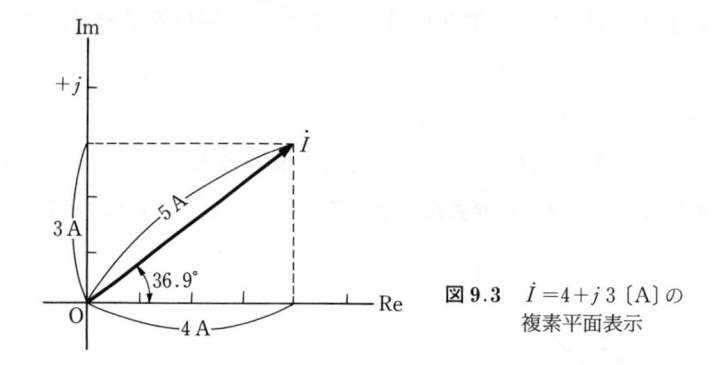

図 9.3　$\dot{I}=4+j3$ 〔A〕の複素平面表示

例題 9.2　つぎの電圧 $\dot{E}$ をフェーザ表示による極形式と指数関数で表し，複素平面に画く。

$$\dot{E}=-4+j3 \text{〔V〕}$$

解　例題 9.1 と同様に求められるが，この複素電圧は複素平面上で第 2 象限にあるので，偏角を求める際 180° からマイナスすることに注意する。

図 9.4 に複素平面に表した複素電圧を示す。

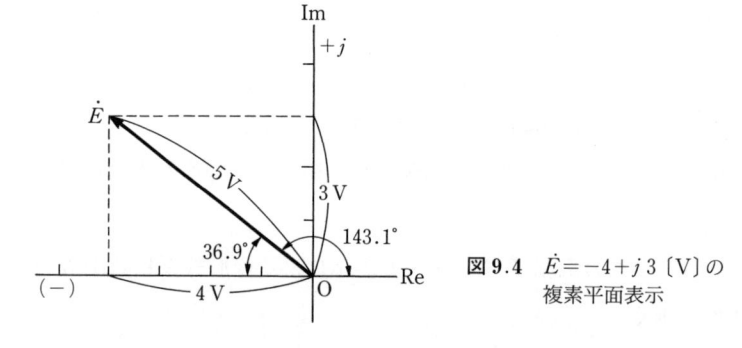

図 9.4　$\dot{E}=-4+j3$ 〔V〕の複素平面表示

$$\dot{E}=-4+j3=\sqrt{(-4)^2+3^2}\angle\tan^{-1}\left(\frac{3}{-4}\right)=5\angle-\tan^{-1}\left(\frac{3}{4}\right)$$
$$=5\angle(180°-36.9°)=5\angle 143.1°=5\,e^{j143.1°} \text{〔V〕}$$

例題 9.3　つぎのフェーザ表示された電流 $\dot{I}$ を複素数に直し，複素平面に画く。

（a）　$\dot{I}=10\sqrt{2}\angle-45°$ 〔A〕　　（b）　$\dot{I}=5\angle 90°$ 〔A〕

（c）　$\dot{I}=10\sqrt{2}\angle 135°$ 〔A〕

解 指数関数形のフェーザ表示に直し，これをオイラーの式を用いて複素数に変換して解く．

(a) $\dot{I} = 10\sqrt{2}\,e^{-j45°} = 10\sqrt{2}\,(\cos 45° - j\sin 45°) = 10\sqrt{2}\left(\dfrac{1}{\sqrt{2}} - j\dfrac{1}{\sqrt{2}}\right)$
$= 10 - j\,10\ \text{[A]}$

(b) $\dot{I} = 5\,e^{j90°} = 5(\cos 90° + j\sin 90°) = 5(0+j) = j\,5\ \text{[A]}$

(c) $\dot{I} = 10\sqrt{2}\,e^{j135°} = 10\sqrt{2}\,(\cos 135° + j\sin 135°) = 10\sqrt{2}\left(\dfrac{-1}{\sqrt{2}} + j\dfrac{1}{\sqrt{2}}\right)$
$= -10 + j\,10\ \text{[A]}$

図 9.5 に複素平面に表した電流の複素数を示す．

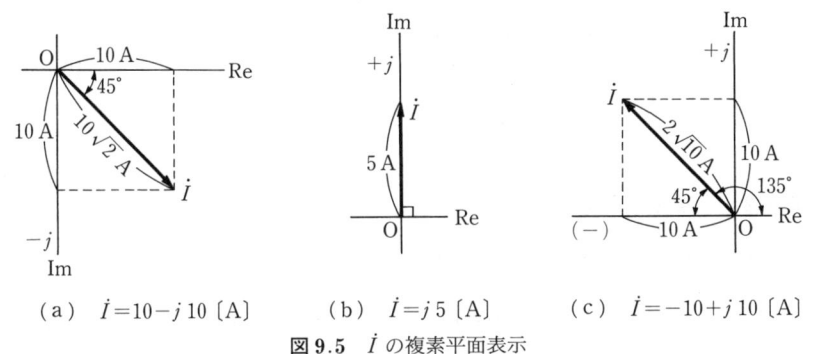

(a) $\dot{I} = 10 - j\,10\ \text{[A]}$ (b) $\dot{I} = j\,5\ \text{[A]}$ (c) $\dot{I} = -10 + j\,10\ \text{[A]}$

図 9.5 $\dot{I}$ の複素平面表示

9.3 複素数の加減乗除

複素数の加減の計算は，複素数の実部と実部，虚部と虚部をそれぞれ計算する通常の方法（直角座標形）を用いると簡単に行える．しかし複素数の乗除の場合は，この方法を用いると計算が複雑になるので，計算を簡単に行うためにフェーザ表示による指数関数または極形式を用いる．

9.3.1 複素数の加減（和と差）

以下に示す二つの複素数 $\dot{A}_1$, $\dot{A}_2$ の和 $\dot{A}_1 + \dot{A}_2$ と差 $\dot{A}_1 - \dot{A}_2$ を求める．

$\dot{A}_1 = a_1 + jb_1, \quad \dot{A}_2 = a_2 + jb_2$

(1) $\dot{A} = \dot{A}_1 + \dot{A}_2$ （和）

$$\dot{A} = \dot{A}_1 + \dot{A}_2 = (a_1 + jb_1) + (a_2 + jb_2) = (a_1 + a_2) + j(b_1 + b_2)$$

上式から和の場合の大きさ A と偏角 θ を求めると次式になる。

$$A = |\dot{A}_1 + \dot{A}_2| = \sqrt{(a_1 + a_2)^2 + (b_1 + b_2)^2}$$
$$\theta = \tan^{-1}\left(\frac{b_1 + b_2}{a_1 + a_2}\right) \tag{9.9}$$

（2） $\dot{A} = \dot{A}_1 - \dot{A}_2$ （差）

$$\dot{A} = \dot{A}_1 - \dot{A}_2 = (a_1 + jb_1) - (a_2 + jb_2) = (a_1 - a_2) + j(b_1 - b_2)$$

上式から差の場合の大きさ A と偏角 θ を求めると次式になる。

$$A = |\dot{A}_1 - \dot{A}_2| = \sqrt{(a_1 - a_2)^2 + (b_1 - b_2)^2}$$
$$\theta = \tan^{-1}\left(\frac{b_1 - b_2}{a_1 - a_2}\right) \tag{9.10}$$

9.3.2 複素数の乗除（積と商）

二つの複素数 $\dot{A}_1$, $\dot{A}_2$ をフェーザ表示にすると次式となる。

$$\dot{A}_1 = a_1 + jb_1 = A_1 e^{j\theta_1} = A_1 \angle \theta_1 \quad \because \quad A_1 = \sqrt{a_1^2 + b_1^2}, \quad \theta_1 = \tan^{-1}\left(\frac{b_1}{a_1}\right)$$

$$\dot{A}_2 = a_2 + jb_2 = A_2 e^{j\theta_2} = A_2 \angle \theta_2 \quad \because \quad A_2 = \sqrt{a_2^2 + b_2^2}, \quad \theta_2 = \tan^{-1}\left(\frac{b_2}{a_2}\right)$$

これを用いて二つの複素数 $\dot{A}_1$, $\dot{A}_2$ の積 $\dot{A}_1 \cdot \dot{A}_2$ と商 $\dot{A}_1/\dot{A}_2$ を以下に求める。

（1） $\dot{A} = \dot{A}_1 \cdot \dot{A}_2$ （積）

$$\dot{A} = \dot{A}_1 \cdot \dot{A}_2 = A_1 e^{j\theta_1} \cdot A_2 e^{j\theta_2} = A_1 A_2 e^{j(\theta_1 + \theta_2)} = A_1 A_2 \angle (\theta_1 + \theta_2)$$

上式から積の場合の大きさ A と偏角 θ を求めると次式になる。

$$A = A_1 A_2$$
$$\theta = \theta_1 + \theta_2 \tag{9.11}$$

すなわち**フェーザ表示によって，大きさが積，位相が和**で表すことができ，計算が簡単に行えることがわかる。

（2） $\dot{A} = \dfrac{\dot{A}_1}{\dot{A}_2}$ （商）

$$\dot{A} = \frac{\dot{A}_1}{\dot{A}_2} = \frac{A_1 e^{j\theta_1}}{A_2 e^{j\theta_2}} = \frac{A_1}{A_2} e^{j(\theta_1 - \theta_2)} = \frac{A_1}{A_2} \angle (\theta_1 - \theta_2)$$

上式から商の場合の大きさ A と偏角 θ を求めると次式になる。

$$A = \frac{A_1}{A_2}$$
$$\theta = \theta_1 - \theta_2 \tag{9.12}$$

すなわち**フェーザ表示によって，大きさが商，位相が差**で表すことができ，計算が簡単に行えることがわかる。

[例題] 9.4 つぎに示すインピーダンス $\dot{Z}_1$, $\dot{Z}_2$ の和と差を求めよ。

$$\dot{Z}_1 = 2 + j\,3 \ [\Omega], \quad \dot{Z}_2 = -4 - j\,5 \ [\Omega]$$

[解] 直角座標を用いて和と差を求め，フェーザ表示する。特に和の場合は複素平面上で第3象限にあるので，偏角を求める際180°をプラスすることに注意する。またインピーダンスの意味については，つぎの第10章で説明する。

（a） $\dot{Z} = \dot{Z}_1 + \dot{Z}_2 = (2 + j\,3) + (-4 - j\,5) = -2 - j\,2$
$\quad = \sqrt{(-2)^2 + (-2)^2} \angle \tan^{-1}\left(\frac{-2}{-2}\right) = \sqrt{8} \angle (\tan^{-1} 1 + 180°)$
$\quad = 2\sqrt{2} \angle (45° + 180°) = 2\sqrt{2} \angle 225° \ [\Omega]$

（b） $\dot{Z} = \dot{Z}_1 - \dot{Z}_2 = (2 + j\,3) - (-4 - j\,5) = 6 + j\,8$
$\quad = \sqrt{6^2 + 8^2} \angle \tan^{-1}\left(\frac{8}{6}\right) = \sqrt{36 + 64} \angle \tan^{-1}\left(\frac{4}{3}\right)$
$\quad = 10 \angle 53.1° \ [\Omega]$

[例題] 9.5 つぎに示す電圧 $\dot{E}$ と電流 $\dot{I}$ の積 $\dot{P}$ と商 $\dot{Z}$ を求めよ。

$$\dot{E} = 12 + j\,16 \ [\text{V}], \quad \dot{I} = 3 - j\,4 \ [\text{A}]$$

[解] 電圧と電流を以下のようにフェーザ表示して，積および商を求める。

$\dot{E} = 12 + j\,16 = \sqrt{12^2 + 16^2} \angle \tan^{-1}\left(\frac{16}{12}\right) = \sqrt{144 + 256} \angle \tan^{-1}\left(\frac{4}{3}\right)$
$\quad = \sqrt{400} \angle 53.1° = 20 \angle 53.1° \ [\text{V}]$

$\dot{I} = 3 - j\,4 = \sqrt{3^2 + (-4)^2} \angle \tan^{-1}\left(\frac{-4}{3}\right) = \sqrt{9 + 16} \angle -\tan^{-1}\left(\frac{4}{3}\right)$
$\quad = \sqrt{25} \angle -53.1° = 5 \angle -53.1° \ [\text{A}]$

（a） $\dot{P} = \dot{E} \cdot \dot{I} = 20 \angle 53.1° \times 5 \angle -53.1° = 20 \times 5 \angle (53.1° - 53.1°)$
$\quad = 100 \angle 0°$

（b） $\dot{Z} = \frac{\dot{E}}{\dot{I}} = \frac{20 \angle 53.1°}{5 \angle -53.1°} = \frac{20}{5} \angle \{53.1° - (-53.1°)\}$

$= 4\angle(53.1°+53.1°) = 4\angle 106.2°$ 〔Ω〕

[例題] 9.6 つぎに示す電圧 $\dot{E}_a$, $\dot{E}_b$ の和 $\dot{E}_s$ と差 $\dot{E}_d$ を求め，複素平面に画く．

$$\dot{E}_a = 20\sqrt{2}\angle 45°\ 〔V〕, \quad \dot{E}_b = 20\sqrt{2}\angle -45°\ 〔V〕$$

[解] 指数関数形のフェーザ表示に直し，オイラーの式を用いて複素数に変換してから和と差を求める．

$$\dot{E}_a = 20\sqrt{2}\,(\cos 45° + j\sin 45°) = 20\sqrt{2}\left(\frac{1}{\sqrt{2}} + j\frac{1}{\sqrt{2}}\right) = 20 + j\,20\ 〔V〕$$

$$\dot{E}_b = 20\sqrt{2}\,(\cos 45° - j\sin 45°) = 20\sqrt{2}\left(\frac{1}{\sqrt{2}} - j\frac{1}{\sqrt{2}}\right) = 20 - j\,20\ 〔V〕$$

(a) $\dot{E}_s = \dot{E}_a + \dot{E}_b = (20+j\,20) + (20-j\,20) = 40 = 40\angle 0°\ 〔V〕$

(b) $\dot{E}_d = \dot{E}_a - \dot{E}_b = (20+j\,20) - (20-j\,20) = j\,40 = 40\angle 90°\ 〔V〕$

図 9.6 に複素平面に表した和 $\dot{E}_s$ と差 $\dot{E}_d$ の複素数を示す．

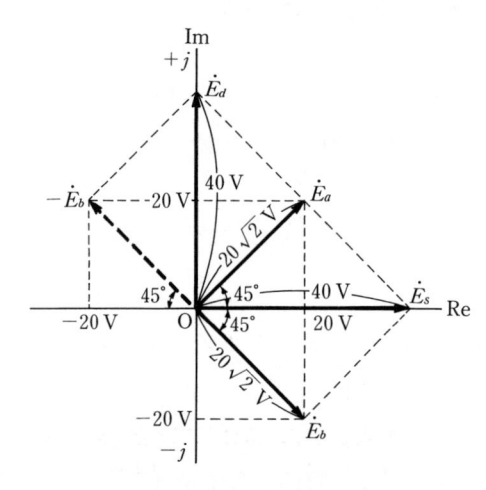

図 9.6 和 $\dot{E}_s$ と差 $\dot{E}_d$ の複素平面表示

9.4 正弦波交流電圧・電流のフェーザ表示

正弦波交流電圧・電流の瞬時値をフェーザ表示することを考えてみよう．

電圧の瞬時値 $e = E_m \sin(\omega t + \theta_1)$ を指数関数と極形式でフェーザ表示すると次式になる．ここで E_m は最大値，θ_1 は位相角を表している．

9.4 正弦波交流電圧・電流のフェーザ表示

$$\dot{e} = E_\mathrm{m} e^{j(\omega t + \theta_1)} = E_\mathrm{m} \angle \theta_1 \tag{9.13}$$

ここで，$e^{j\omega t}$ の正弦波交流成分に相当する角度 ωt はつぎの電流においても共通なので，通常は省略して上式のように表している。

正弦波交流をフェーザ表示する際は，特に断りがないかぎり最大値 E_m ではなく実効値 E で表すのが慣例なので，上式を実効値 $\dot{E}$ で表すと次式になる。

$$\dot{E} = \frac{E_\mathrm{m}}{\sqrt{2}} e^{j(\omega t + \theta_1)} = \frac{E_\mathrm{m}}{\sqrt{2}} \angle \theta_1 = E \angle \theta_1 \tag{9.14}$$

同様に電流の瞬時値を $i = I_\mathrm{m} \sin(\omega t + \theta_2)$ とおくと，その実効値 $\dot{I}$ のフェーザ表示は次式となる。ここで I_m は最大値，I は実効値，θ_2 は位相角を表している。また図 9.7 に電圧と電流のフェーザ図を示す。

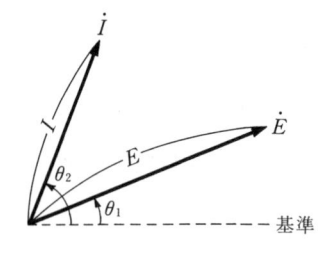

図 9.7 電圧と電流の
　　　 フェーザ図

$$\dot{I} = \frac{I_\mathrm{m}}{\sqrt{2}} e^{j(\omega t + \theta_2)} = \frac{I_\mathrm{m}}{\sqrt{2}} \angle \theta_2 = I \angle \theta_2 \tag{9.15}$$

[例題] 9.7 つぎに示す電圧と電流の瞬時値をフェーザ表示し，フェーザ図を画く。

(a) $e = 100\sqrt{2} \sin \omega t$ 〔V〕，$i = 5\sqrt{2} \sin(\omega t + 60°)$ 〔A〕

(b) $e = 20\sqrt{2} \sin(\omega t + 30°)$ 〔V〕，$i = 2\sqrt{2} \sin(\omega t - 45°)$ 〔A〕

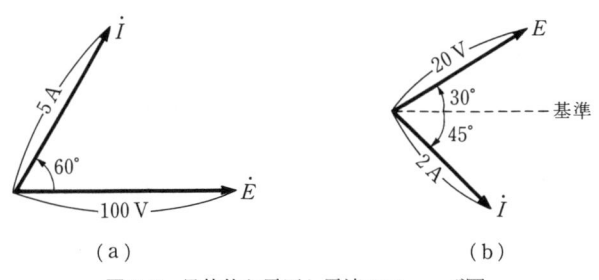

図 9.8 具体的な電圧と電流のフェーザ図

解 式(9.14), (9.15) と同様に行い, 極形式表示する。また図 9.8 に電圧と電流のフェーザ図を示す。
 (a) $\dot{E}=100\angle 0°$ [V], $\dot{I}=5\angle 60°$ [A]
 (b) $\dot{E}=20\angle 30°$ [V], $\dot{I}=2\angle -45°$ [A]

9.5 交流回路素子のフェーザ表示

直流回路の回路素子は抵抗だけを考えればよかったが, 交流回路では抵抗 R のほかに, インダクタンス L およびキャパシタンス C の取り扱いが必要になる。ここで交流回路素子をフェーザ表示すると交流回路の計算が簡単に行えることから, 上記 3 素子をフェーザ表示してみよう。

9.5.1 抵抗のフェーザ表示

図 9.9 (a) に示すように, 抵抗 R に瞬時電圧 $e=E_m \sin \omega t$ を印加したとき回路に流れる電流 i を求めて, 電圧と電流の位相関係を考えてみよう。このとき瞬時電圧は, 指数関数形のフェーザ表示とする。

$\dot{e}=E_m e^{j\omega t}$ とおくと, 流れる電流 i はオームの法則から次式となる。

$$i=\frac{\dot{e}}{R}=\frac{E_m e^{j\omega t}}{R}=\frac{E_m}{R}e^{j\omega t} \tag{9.16}$$

上式から電圧と電流との間には位相差が生じないことから, **抵抗 R のフェーザ表示は R** となる。図 (b) にこのフェーザ図を示す。

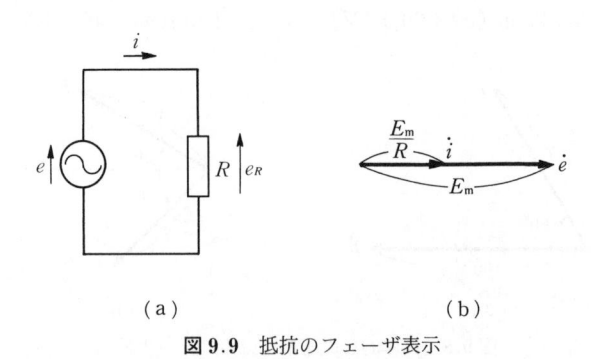

(a)　　　　　　　　　　(b)

図 9.9　抵抗のフェーザ表示

9.5.2 インダクタンスのフェーザ表示

図 9.10（a）に示すように，インダクタンス L に瞬時電圧 $e = E_m \sin \omega t$ を印加したとき回路に流れる電流 i を求めて，電圧と電流の位相関係を考えてみよう。

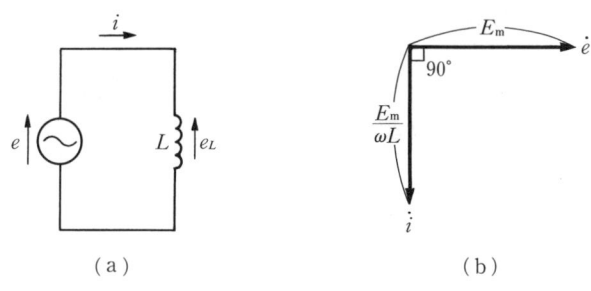

図 9.10 インダクタンスのフェーザ表示

ここで**インダクタンス**（inductance，記号 L）とは，導線をコイル状に巻いてコイルに電流を流すと自己誘導作用によってコイルの両端に誘起起電力を発生する回路素子をいう。また発生する起電力は，**レンツの法則**（Lenz's law）に従う。インダクタンスの単位は，**ヘンリー**〔Henry，記号 H〕が用いられている。またこのインダクタンスのことを**自己インダクタンス**ともいう。インダクタンスの外観例を**図 9.11** に示す。

インダクタンス L 〔H〕に電流 i が流れたときの端子電圧 e_L は，レンツの法則から次式で定義される。

$$e_L = L \frac{di}{dt} \tag{9.17}$$

上式を変形して i を求めると次式となる。ただし積分定数は省略してある。

$$e_L dt = L di$$

$$di = \frac{e_L}{L} dt$$

$$\int di = \int \frac{e_L}{L} dt$$

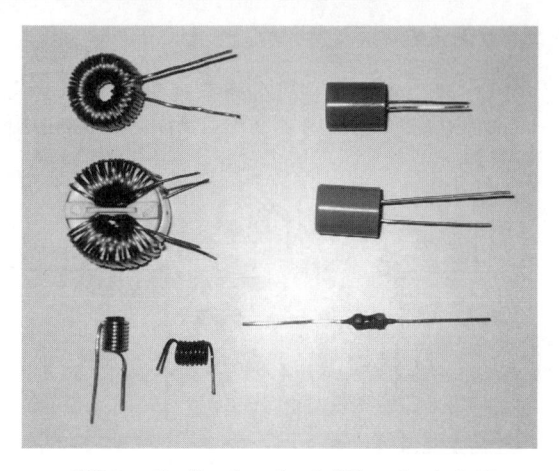

各種のコアに巻いたコイルと空心コイルおよび
高周波チョークコイル

図 9.11 インダクタンスの外観例

$$i = \frac{1}{L} \int e_L \, dt \tag{9.18}$$

ここで $e_L = \dot{e} = E_\mathrm{m} e^{j\omega t}$ より，これを式 (9.18) に代入して

$$i = \frac{1}{L} \int E_\mathrm{m} e^{j\omega t} \, dt = \frac{E_\mathrm{m}}{L} \int e^{j\omega t} \, dt = \frac{E_\mathrm{m}}{L} \frac{1}{j\omega} e^{j\omega t}$$

$$= \frac{E_\mathrm{m} e^{j\omega t}}{j\omega L} = \frac{\dot{e}}{j\omega L} = \frac{\dot{e}}{jX_L} \tag{9.19}$$

上式から**インダクタンス L をフェーザ表示すると $j\omega L$** となる。また $X_L = \omega L$ とおき，これを**誘導性リアクタンス**と呼んでいる。式 (9.19) を次式のように変形して，電圧と電流の位相差について考える。

$$i = \frac{E_\mathrm{m}}{j\omega L} e^{j\omega t} = -j \frac{E_\mathrm{m}}{\omega L} e^{j\omega t} = \frac{E_\mathrm{m}}{\omega L} e^{-j(\pi/2)} e^{j\omega t} = \frac{E_\mathrm{m}}{\omega L} e^{j(\omega t - \pi/2)} \tag{9.20}$$

上式からインダクタンスの場合は，**電流は電圧より 90° 遅れる**ことがわかる。

図 9.10 (b) に電圧と電流のフェーザ図を示す。

9.5.3 キャパシタンスのフェーザ表示

図 9.12（a）に示すようにキャパシタンス C に瞬時電圧 $e = E_m \sin \omega t$ を印加したとき，回路に流れる電流 i を求めて電圧と電流の位相関係を考えてみよう。

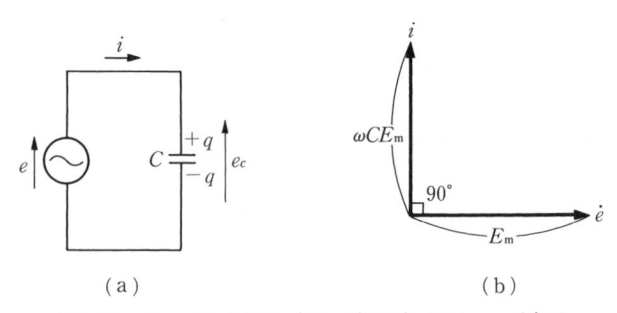

図 9.12 キャパシタンス（コンデンサ）のフェーザ表示

ここで**キャパシタンス**（capacitance，記号 C）は，**コンデンサ**（condenser）とも呼ばれ，2枚の電極の間に空気，紙，フィルムおよびセラミックなどの誘電体を挟み，これに電圧を印加すると2枚の電極の間にプラス，マイナスの電荷を蓄積する回路素子をいう。キャパシタンスの単位は，**ファラド**〔Farad，記号 F〕が用いられている。キャパシタンスの外観例を図 9.13 に示す。

式（1.1）で示した電荷と電流の関係式 $i = dq/dt$ を用いて，以下に電流 i を求める。キャパシタンスの端子電圧を e_c とおくと

$$i = \frac{dq}{dt} = \frac{d(C\,e_c)}{dt} = C\,\frac{de_c}{dt} \tag{9.21}$$

ここで $e_c = \dot{e} = E_m e^{j\omega t}$ より，これを式（9.21）に代入して

$$i = C\,\frac{d(E_m e^{j\omega t})}{dt} = CE_m\,\frac{de^{j\omega t}}{dt} = CE_m (j\omega e^{j\omega t})$$

$$= j\omega CE_m e^{j\omega t} = \frac{E_m e^{j\omega t}}{\dfrac{1}{j\omega C}} = \frac{\dot{e}}{-j\dfrac{1}{\omega C}} = \frac{\dot{e}}{-jX_c} \tag{9.22}$$

上式から**キャパシタンス C をフェーザ表示すると $1/j\omega C$** となる。また X_c

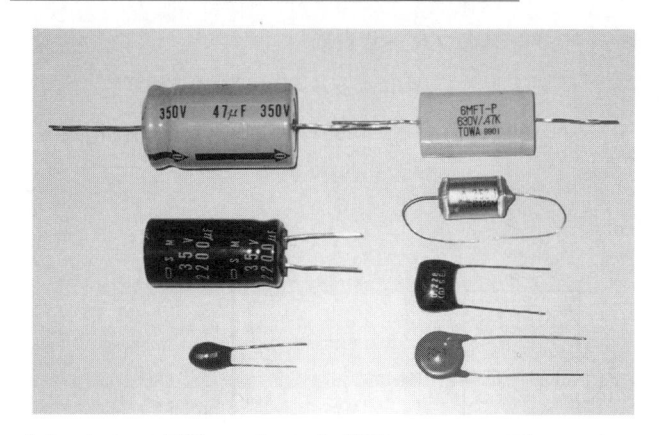

88   9. フェーザ表示法による交流回路の取り扱い

左上からアルミ電解コンデンサ（2種類）とタンタル電解コンデンサ
右上からフィルム系コンデンサ（3種類）とセラミックコンデンサ

図 9.13　キャパシタンス（コンデンサ）の外観例

$=1/\omega C$ とおき，これを**容量性リアクタンス**と呼んでいる。式（9.22）を次式のように変形して，電圧と電流の位相差について考える。

$$i = \frac{E_\mathrm{m}}{\frac{1}{j\omega C}} e^{j\omega t} = j\omega C E_\mathrm{m} e^{j\omega t} = \omega C E_\mathrm{m} e^{j(\pi/2)} e^{j\omega t} = \omega C E_\mathrm{m} e^{j(\omega t + \pi/2)} \quad (9.23)$$

上式からキャパシタンスの場合は，**電流は電圧より 90° 進む**ことがわかる。

図 9.12（b）に電圧と電流のフェーザ図を示す。まとめとして**表 9.1** に交流回路素子の一覧表を示す。

表 9.1　交流回路素子の一覧表

回路素子	代表的な記号	単 位	回路記号	フェーザ表示〔単位〕
抵　抗	R	Ω（オーム）	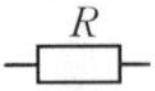 ─▭─	R〔Ω〕
インダクタンス（コイル）	L	H（ヘンリー）	 ─⌇⌇⌇─	$j\omega L$〔Ω〕
キャパシタンス（コンデンサ）	C	F（ファラド）	 ─┤├─	$-j\dfrac{1}{\omega C}$〔Ω〕

9.5 交流回路素子のフェーザ表示

[例題] 9.8 インダクタンス $L=1/\pi$ [H] に電圧 $\dot{E}=100\angle 0°$ [V] を印加したとき流れる電流 $\dot{I}$ を求め，電圧と電流のフェーザ図を画く。ただし周波数 $f=50$ [Hz] とする。

[解] 流れる電流 $\dot{I}$ は $\dot{I}=\dot{E}/\dot{Z}$ から求まる。インピーダンス $\dot{Z}$ は $\dot{Z}=j\omega L$ となる。角周波数 ω は，$\omega=2\pi f$ から求まる。**図 9.14** に電圧と電流のフェーザ図を示す。

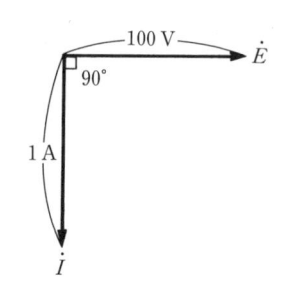

図 9.14 電圧と電流のフェーザ図（インダクタンスの場合）

$$\dot{Z}=j\omega L=j2\pi fL=j2\pi\times 50\times\frac{1}{\pi}=j100=100\angle 90°\,[\Omega]$$

$$\dot{I}=\frac{\dot{E}}{\dot{Z}}=\frac{100\angle 0°}{100\angle 90°}=1\angle -90°\,[\text{A}]$$

[例題] 9.9 キャパシタンス $C=200\,\mu\text{F}$ に電圧 $\dot{E}=100\angle 0°$ [V] を印加したとき流れる電流 $\dot{I}$ を求め，電圧と電流のフェーザ図を画く。ただし周波数を $f=60$ [Hz] とする。

[解] 例題 9.8 の場合と同様であるが，キャパシタンスのインピーダンス $\dot{Z}$ は，$\dot{Z}=1/j\omega C$ となる。**図 9.15** に電圧と電流のフェーザ図を示す。

$$\dot{Z}=-j\frac{1}{\omega C}=-j\frac{1}{2\pi fC}=-j\frac{1}{2\times 3.14\times 60\times 200\times 10^{-6}}$$

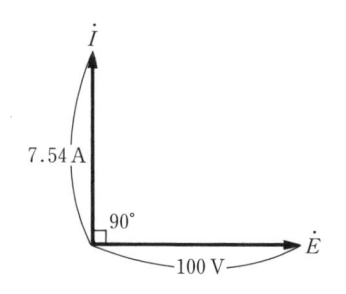

図 9.15 電圧と電流のフェーザ図（キャパシタンスの場合）

$$= -j\frac{1}{75.36 \times 10^{-3}} = -j\frac{10^3}{75.36} = -j\,13.3 = 13.3\angle -90°\ [\Omega]$$

$$\dot{I} = \frac{\dot{E}}{\dot{Z}} = \frac{100\angle 0°}{13.3\angle -90°} = 7.54\angle 90°\ [A]$$

演 習 問 題

(1) つぎの電圧,電流をフェーザ表示せよ。
  (a) $\dot{E} = -4 - j4\ [V]$ (b) $\dot{I} = 3 + j4\ [A]$ (c) $\dot{I} = j2\ [A]$

(2) つぎのフェーザ表示された電圧,電流を複素数に直せ。
  (a) $\dot{E} = 100\angle 60°\ [V]$ (b) $\dot{I} = 5\angle -30°\ [A]$
  (c) $\dot{I} = 10\angle -135°\ [A]$

(3) つぎに示すインピーダンス $\dot{Z}_1$, $\dot{Z}_2$ の和 $\dot{Z}_s = \dot{Z}_1 + \dot{Z}_2$ と差 $\dot{Z}_d = \dot{Z}_1 - \dot{Z}_2$ を求め,フェーザ表示せよ。
  $\dot{Z}_1 = 4 + j3\ [\Omega]$, $\dot{Z}_2 = 6 - j8\ [\Omega]$

(4) つぎに示す電圧 $\dot{E}$ と電流 $\dot{I}$ の積 $\dot{P} = \dot{E} \cdot \dot{I}$ と商 $\dot{Z} = \dot{E}/\dot{I}$ を求め,フェーザ表示せよ。
  $\dot{E} = 20 + j15\ [V]$, $\dot{I} = 12 - j16\ [A]$

(5) $L = 1\ [H]$ のインダクタンスに $\dot{I} = 1\angle -45°\ [A]$ の電流が流れている。このときのインダクタンスの端子電圧 $\dot{E}_L$ を求め,電圧と電流のフェーザ図を画け。ただし周波数を $f = 50\ [Hz]$ とする。

(6) $C = 100\ \mu F$ のキャパシタンスに $\dot{I} = 1\angle 60°\ [A]$ の電流が流れている。このときのキャパシタンスの端子電圧 $\dot{E}_c$ を求め,電圧と電流のフェーザ図を画け。ただし周波数を $f = 60\ [Hz]$ とする。

(7) 誘導性リアクタンス $X_L = 20\ \Omega$ に電圧 $\dot{E} = 100\angle -30°\ [V]$ を印加したとき流れる電流 $\dot{I}_L$ を求め,電圧と電流のフェーザ図を画け。

(8) 容量性リアクタンス $X_c = 50\ \Omega$ に電圧 $\dot{E} = 80\angle 45°\ [V]$ を印加したとき流れる電流 $\dot{I}_c$ を求め,電圧と電流のフェーザ図を画け。

10 交流回路素子の直列接続

本章では交流回路素子を直列接続した場合，すなわち直列回路のインピーダンスをはじめ，流れる電流や各素子の端子電圧をフェーザ表示し，フェーザ図を画くことによりその位相関係を学ぶ．

10.1 素子の直列接続とインピーダンス

複数の抵抗，インダクタンスおよびキャパシタンスがそれぞれ直列接続されている場合の各素子の合成値を求めてみよう．ここで抵抗の場合は，すでに第2章で述べたので省略する．

10.1.1 インダクタンスの場合

図 10.1（a）に示す3個直列接続したインダクタンスの合成インダクタンス L_0 を求めてみよう．ここで合成リアクタンスを X_L とおくと

$$X_L = \omega L_1 + \omega L_2 + \omega L_3 = \omega(L_1 + L_2 + L_3) = \omega L_0$$

$$\therefore \quad L_0 = L_1 + L_2 + L_3 \tag{10.1}$$

したがって，インダクタンスの直列接続の合成値は抵抗の場合と同様になる．

(a) インダクタンス　　　　　(b) キャパシタンス

図 10.1　素子の直列接続

10.1.2 キャパシタンスの場合

図 10.1（b）に示す 3 個直列接続したキャパシタンスの合成キャパシタンス C_0 を求めてみよう。ここで合成リアクタンスを X_C とおくと

$$X_C = \frac{1}{\omega C_1} + \frac{1}{\omega C_2} + \frac{1}{\omega C_3} = \frac{1}{\omega}\left(\frac{1}{C_1} + \frac{1}{C_2} + \frac{1}{C_3}\right) = \frac{1}{\omega C_0}$$

$$\therefore \quad C_0 = \frac{1}{\dfrac{1}{C_1} + \dfrac{1}{C_2} + \dfrac{1}{C_3}} \tag{10.2}$$

したがって，キャパシタンスの直列接続の合成値は，あたかも抵抗の並列接続の合成抵抗に相当する。

10.1.3 インピーダンスの場合

図 10.2 に示すように，抵抗 R，インダクタンス L およびキャパシタンス C などを含む回路に電圧 $\dot{E}$ を印加したとき電流 $\dot{I}$ が流れたとする。

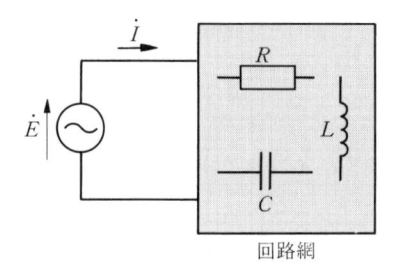

図 10.2　交流の線形回路網

このとき，直流回路のオームの法則と同様に交流回路において次式が成立する。

$$\dot{I} = \frac{\dot{E}}{\dot{Z}} \tag{10.3}$$

上式の $\dot{Z}$ を**インピーダンス**（impedance）と呼び，単位はオームである。一般にインピーダンスは，次式のように**実部**（抵抗 R）と**虚部**（リアクタンス X）からなるが，実部の抵抗だけの場合または虚部のリアクタンスだけの場合もある。

$$\dot{Z} = R \pm jX \tag{10.4}$$

10.2 RL 直列回路

図 10.3 に示す抵抗 R とインダクタンス L の直列回路に電圧 $\dot{E} = E \angle 0°$ を印加したとき，回路に流れる電流 $\dot{I}$ と各端子電圧 $\dot{E}_R$, $\dot{E}_L$ を求め，回路のインピーダンス $\dot{Z}$ と電圧，電流のフェーザ図を画いてみよう。

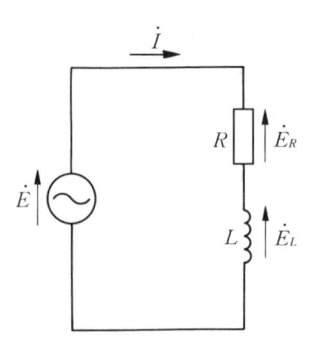

図 10.3 RL 直列回路

インピーダンス $\dot{Z}$ は

$$\dot{Z} = R + j\omega L = \sqrt{R^2 + (\omega L)^2} \angle \tan^{-1}\frac{\omega L}{R} = \sqrt{R^2 + \omega^2 L^2} \angle \phi \tag{10.5}$$

$$\therefore \quad \phi = \tan^{-1}\frac{\omega L}{R}$$

流れる電流 $\dot{I}$ は，$\dot{I} = \dot{E}/\dot{Z}$ から求まる。これに上式を代入すると

$$\dot{I} = \frac{\dot{E}}{\dot{Z}} = \frac{E \angle 0°}{\sqrt{R^2 + \omega^2 L^2} \angle \phi} = \frac{E}{\sqrt{R^2 + \omega^2 L^2}} \angle -\phi = I \angle -\phi \tag{10.6}$$

$$\therefore \quad I = |\dot{I}| = \frac{E}{\sqrt{R^2 + \omega^2 L^2}}$$

上式から RL 直列回路に流れる電流 $\dot{I}$ は，電圧 $\dot{E}$ より ϕ 遅れることがわかる。

つぎに各端子電圧 $\dot{E}_R$, $\dot{E}_L$ は次式となる。

$$\dot{E}_R = R\dot{I} = RI \angle -\phi$$

$$\dot{E}_L = j\omega L \dot{I} = \omega L \angle 90° \times I \angle -\phi = \omega L I \angle (90°-\phi) \qquad (10.7)$$

上式の各端子電圧 $\dot{E}_R$, $\dot{E}_L$ の位相は，印加電圧 $\dot{E}$ を基準にした場合である。例えば電流 $\dot{I}$ の位相を基準($0°$)にとると，上式は

$$\dot{E}_R = R\dot{I} = RI \angle 0° \qquad (10.8)$$

$$\dot{E}_L = j\omega L \dot{I} = \omega L \angle 90° \times I \angle 0° = \omega L I \angle 90°$$

式 (10.7) と式 (10.8) は同じ内容を表しているが，実用上は式 (10.8) の電流 $\dot{I}$ を基準にしたほうがわかりやすいので，本書ではこれを用いる。

図 10.4 の (a) にインピーダンス，(b) に電圧，電流のフェーザ図を示す。

(**注意**) 位相角をもたないフェーザ電圧，電流などを表すとき，例えば $\dot{E}=100\angle 0°$ [V] の場合，$0°$ を省略して $\dot{E}=100$ [V] と表すことがある。

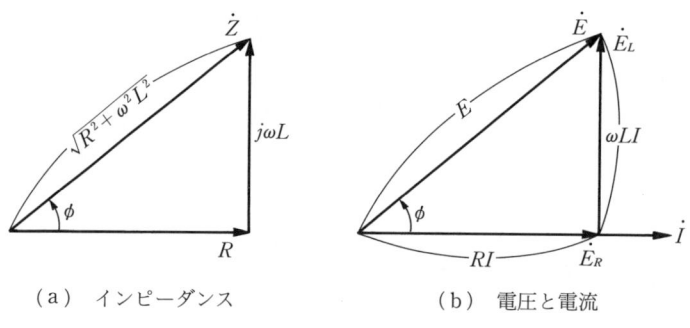

図 10.4 RL 直列回路のフェーザ図

例題 10.1 図 10.3 に示した RL 直列回路において，$\dot{E}=100\angle 0°$ [V] で $R=40\,\Omega$，$L=1/4\pi$ [H] のとき，回路に流れる電流 $\dot{I}$ と各端子電圧 $\dot{E}_R$, $\dot{E}_L$ を求め，フェーザ図を画いてみよう。ただし周波数を $f=60\,\mathrm{Hz}$ とする。

解 はじめにインピーダンス $\dot{Z}$ を求め，オームの法則から流れる電流 $\dot{I}$ と各端子電圧 $\dot{E}_R$, $\dot{E}_L$ を求めてフェーザ図を画く。角周波数は $\omega=2\pi f$ である。

$$\dot{Z} = R + j\omega L = 40 + j2\pi \times 60 \times \frac{1}{4\pi} = 40 + j30$$

$$= \sqrt{40^2 + 30^2} \angle \tan^{-1}\left(\frac{30}{40}\right) = 50 \angle 36.9° \ [\Omega] \qquad (10.9)$$

$$\dot{I} = \frac{\dot{E}}{\dot{Z}} = \frac{100 \angle 0°}{50 \angle 36.9°} = 2 \angle -36.9° \ [\mathrm{A}] \qquad (10.10)$$

つぎに各端子電圧 $\dot{E}_R$, $\dot{E}_L$ は，電流 $\dot{I}$ を基準にして求めると

$$\dot{E}_R = R\dot{I} = 40 \times 2\angle 0° = 80\angle 0° \text{ [V]} \tag{10.11}$$
$$\dot{E}_L = j\omega L \dot{I} = j\,30 \times 2\angle 0° = 30\angle 90° \times 2\angle 0° = 60\angle 90° \text{ [V]}$$

ここで，各端子電圧 $\dot{E}_R$, $\dot{E}_L$ がキルヒホッフの電圧の法則を満足しているか確認してみると

$$\dot{E} = \dot{E}_R + \dot{E}_L = 80 + j\,60 = \sqrt{80^2 + 60^2} \angle \tan^{-1}\left(\frac{60}{80}\right)$$
$$= 100 \angle 36.9° \text{ [V]} \tag{10.12}$$

上式より電圧の大きさが印加電圧の 100 V と一致するが，位相が 0° でなく 36.9° になっている。これは電流 $\dot{I}$ を基準にして求めているからであり，電圧 $\dot{E}$ を基準にすれば 0° となる。したがって電圧の法則を満足している。

図 10.5 の（a）にインピーダンス，（b）に電圧，電流のフェーザ図を示す。

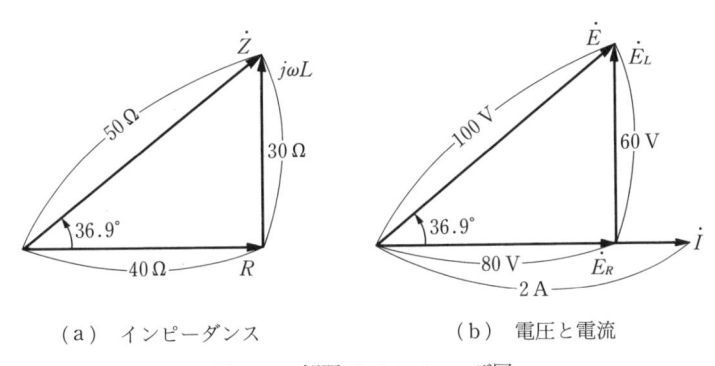

（a）インピーダンス　　（b）電圧と電流

図 10.5　例題 10.1 のフェーザ図

[例題] 10.2 抵抗 R と誘導性リアクタンス $X_L = 16\,\Omega$ の直列回路に電圧 $\dot{E} = 20$ V を印加したとき，電流 $\dot{I}$ の大きさが 1 A 流れた。R を求めよ。

[解] はじめにインピーダンスの大きさ Z を求める。つぎに電流の大きさ I を求める式から抵抗 R が求まる。

$$Z = |\dot{Z}| = |R + j\,16| = \sqrt{R^2 + 16^2} \tag{10.13}$$

電流の大きさが $I = 1$ A なので

$$I = \frac{E}{Z} = \frac{20}{\sqrt{R^2 + 16^2}} = 1 \text{ A} \tag{10.14}$$

上式から R を求めると

$$\sqrt{R^2 + 16^2} = 20$$
$$R^2 + 16^2 = 400$$
$$R^2 = 400 - 256 = 144$$

$$R = \pm 12\,\Omega \tag{10.15}$$

ここで $R>0$ なので，式 (10.15) の正の値をとって

$$\therefore\quad R = 12\,\Omega \tag{10.16}$$

10.3 RC 直 列 回 路

図 10.6 に示す抵抗 R とキャパシタンス C の直列回路に電圧 $\dot{E}=E\angle 0°$ を印加したとき，回路に流れる電流 $\dot{I}$ と各端子電圧 $\dot{E}_R$, $\dot{E}_C$ を求め，回路のインピーダンス $\dot{Z}$ と電圧，電流のフェーザ図を画いてみよう。

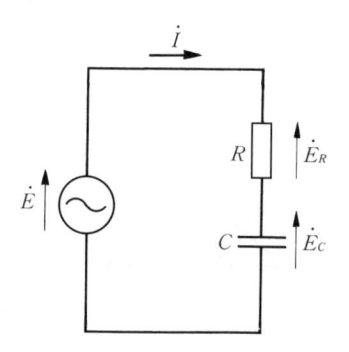

図 10.6　RC 直列回路

インピーダンス $\dot{Z}$ は

$$\dot{Z} = R - j\frac{1}{\omega C} = \sqrt{R^2 + \left(\frac{1}{\omega C}\right)^2}\angle\tan^{-1}\frac{\left(-\dfrac{1}{\omega C}\right)}{R}$$

$$= \sqrt{R^2 + \left(\frac{1}{\omega C}\right)^2}\angle -\tan^{-1}\left(\frac{1}{R\omega C}\right) = \sqrt{R^2 + \left(\frac{1}{\omega C}\right)^2}\angle -\phi$$

$$\therefore\quad \phi = \tan^{-1}\left(\frac{1}{R\omega C}\right) \tag{10.17}$$

流れる電流 $\dot{I}$ は，$\dot{I}=\dot{E}/\dot{Z}$ から求まる。これに上式を代入すると

$$\dot{I} = \frac{\dot{E}}{\dot{Z}} = \frac{E\angle 0°}{\sqrt{R^2+\left(\dfrac{1}{\omega C}\right)^2}\angle -\phi} = \frac{E}{\sqrt{R^2+\left(\dfrac{1}{\omega C}\right)^2}}\angle\phi = I\angle\phi$$

10.3 RC 直列回路

$$\therefore \quad I=|\dot{I}|=\frac{E}{\sqrt{R^2+\left(\frac{1}{\omega C}\right)^2}} \quad (10.18)$$

上式から RC 直列回路に流れる電流 $\dot{I}$ は，電圧 $\dot{E}$ より ϕ 進むことがわかる。

つぎに各端子電圧 $\dot{E}_R$, $\dot{E}_C$ は次式となる。ただし電流 $\dot{I}$ を基準とする。

$$\dot{E}_R = R\dot{I} = RI\angle 0° \quad (10.19)$$

$$\dot{E}_C = -j\frac{1}{\omega C}\dot{I} = \frac{1}{\omega C}\angle -90° \times I\angle 0° = \frac{I}{\omega C}\angle -90°$$

図 10.7 の（a）にインピーダンス，（b）に電圧，電流のフェーザ図を示す。

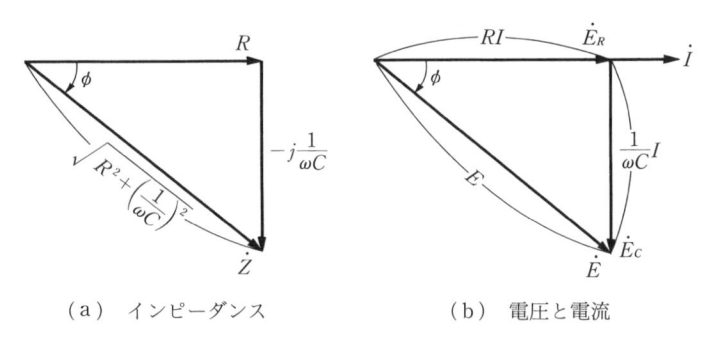

図 10.7 RC 直列回路のフェーザ図

（a）インピーダンス　　（b）電圧と電流

[例題] 10.3 図 10.6 に示した RC 直列回路において，$\dot{E}=100\angle 0°$ [V] で $R=30\,\Omega$, $C=250/\pi$ [μF] のとき，回路に流れる電流 $\dot{I}$ と各端子電圧 $\dot{E}_R$, $\dot{E}_C$ を求めて，フェーザ図を画いてみよう。ただし周波数を $f=50\,\mathrm{Hz}$ とする。

[解] はじめにインピーダンス $\dot{Z}$ を求め，つぎにオームの法則から流れる電流 $\dot{I}$ と各端子電圧を $\dot{E}_R$, $\dot{E}_C$ 求めてフェーザ図を画く。

$$\dot{Z}=R-j\frac{1}{\omega C}=30-j\frac{1}{2\pi\times 50\times \frac{250}{\pi}\times 10^{-6}}=30-j40$$

$$=\sqrt{30^2+40^2}\angle \tan^{-1}\left(\frac{-40}{30}\right)=50\angle -\tan^{-1}\left(\frac{4}{3}\right)$$

$$=50\angle -53.1°\,[\Omega] \quad (10.20)$$

10. 交流回路素子の直列接続

$$\dot{I} = \frac{\dot{E}}{\dot{Z}} = \frac{100\angle 0°}{50\angle -53.1°} = 2\angle 53.1° \text{ [A]} \tag{10.21}$$

つぎに各端子電圧 $\dot{E}_R$, $\dot{E}_C$ は，電流 $\dot{I}$ を基準にして求めると

$$\dot{E}_R = R\dot{I} = 30 \times 2\angle 0° = 60\angle 0° \text{ [V]} \tag{10.22}$$

$$\dot{E}_C = -j\frac{1}{\omega C}\dot{I} = -j40 \times 2\angle 0° = 40\angle -90° \times 2\angle 0° = 80\angle -90° \text{ [V]}$$

図10.8の（a）にインピーダンス，（b）に電圧，電流のフェーザ図を示す。

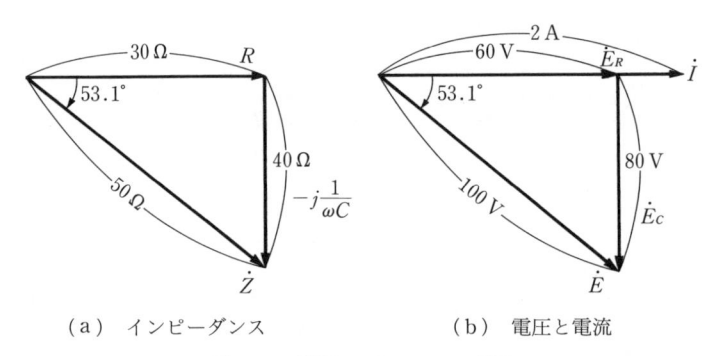

図10.8 例題10.3のフェーザ図

（a）インピーダンス　　　（b）電圧と電流

例題 10.4 抵抗 $R = 3\,\Omega$ と未知の容量性リアクタンス X_C を直列接続して $\dot{E} = 100\,\text{V}$ を印加したとき，X_C の端子電圧の大きさが $E_C = 80\,\text{V}$ となった。X_C の値を求めよ。

解 分圧の式から E_C を求め，これを変形すると X_C が求まる。

$$\dot{E}_C = \frac{-jX_C}{R - jX_C}\dot{E} = \frac{-jX_C}{3 - jX_C} \times 100$$

$$E_C = |\dot{E}_C| = \frac{X_C}{\sqrt{3^2 + X_C^2}} \times 100 \tag{10.23}$$

上式の E_C が 80 V なので

$$\frac{X_C}{\sqrt{3^2 + X_C^2}} \times 100 = 80 \tag{10.24}$$

上式から X_C を求めると

$$\frac{X_C}{\sqrt{3^2 + X_C^2}} = \frac{80}{100} = \frac{4}{5}$$

$$5X_C = 4\sqrt{3^2 + X_C^2}$$

$$25X_C^2 = 16(9 + X_C^2)$$

$$25X_C^2 - 16X_C^2 = 16 \times 9$$

$$9X_C^2 = 16 \times 9$$

$$X_C{}^2 = 16$$
$$X_C = \pm 4\,\Omega \tag{10.25}$$
ここで $X_C > 0$ なので上式の正の値をとって
$$\therefore\ X_C = 4\,\Omega \tag{10.26}$$

10.4 RLC 直列回路

図 10.9 に示す抵抗 R，インダクタンス L およびキャパシタンス C の直列回路に電圧 $\dot{E} = E \angle 0°$ を印加したとき，回路に流れる電流 $\dot{I}$ と各端子電圧 $\dot{E}_R$，$\dot{E}_L$，$\dot{E}_C$ を求め，回路のインピーダンス $\dot{Z}$ と電圧，電流のフェーザ図を画いてみよう。インダクタンスとキャパシタンスのそれぞれのリアクタンスをまとめて一つのリアクタンスとして扱うことにより，いままでの手法が適用できる。

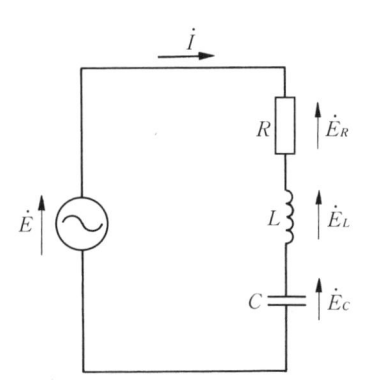

図 10.9 RLC 直列回路

リアクタンスが $\omega L > 1/\omega C$ のときのインピーダンス $\dot{Z}$ は

$$\dot{Z} = R + j\left(\omega L - \frac{1}{\omega C}\right) = \sqrt{R^2 + \left(\omega L - \frac{1}{\omega C}\right)^2} \angle \tan^{-1}\frac{\left(\omega L - \dfrac{1}{\omega C}\right)}{R}$$
$$= Z \angle \phi \tag{10.27}$$

$$\therefore\ Z = \sqrt{R^2 + \left(\omega L - \frac{1}{\omega C}\right)^2},\quad \phi = \tan^{-1}\frac{\left(\omega L - \dfrac{1}{\omega C}\right)}{R}$$

流れる電流 $\dot{I}$ は，$\dot{I}=\dot{E}/\dot{Z}$ から求まる。これに上式を代入すると

$$\dot{I}=\frac{\dot{E}}{\dot{Z}}=\frac{E\angle 0°}{Z\angle \phi}=\frac{E}{Z}\angle -\phi=I\angle -\phi \qquad (10.28)$$

$$\therefore \quad I=\frac{E}{\sqrt{R^2+\left(\omega L-\dfrac{1}{\omega C}\right)^2}}$$

上式から RLC 直列回路に流れる電流 $\dot{I}$ は，印加電圧 $\dot{E}$ より ϕ 遅れる。しかしながら，リアクタンス ωL と $1/\omega C$ の大小関係が $\omega L<1/\omega C$ の場合は，$-\phi$ でなくて $+\phi$ となり，ϕ 進むことに注意する。

つぎに各端子電圧 $\dot{E}_R$，$\dot{E}_L$，$\dot{E}_C$ は次式となる。ただし電流 $\dot{I}$ を基準とする。

$$\begin{aligned}\dot{E}_R &= R\dot{I}=RI\angle 0° \\ \dot{E}_L &= j\omega L\dot{I}=\omega L\angle 90°\times I\angle 0°=\omega LI\angle 90° \\ \dot{E}_C &= -j\frac{1}{\omega C}\dot{I}=\frac{1}{\omega C}\angle -90°\times I\angle 0°=\frac{I}{\omega C}\angle -90°\end{aligned} \qquad (10.29)$$

図 10.10 の（a）にインピーダンス，（b）に電圧，電流のフェーザ図を示す。

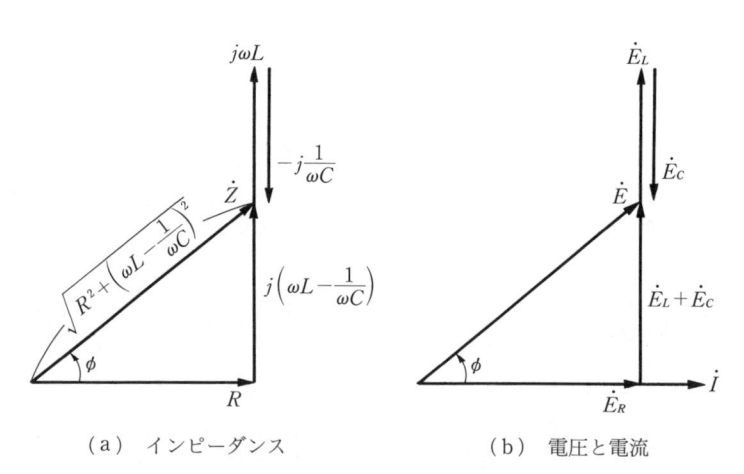

（a）インピーダンス　　　（b）電圧と電流

図 10.10　RLC 直列回路のフェーザ図

10.4 RLC 直列回路

例題 10.5 図 10.9 に示した RLC 直列回路において，$\dot{E}=100\angle 0°$ [V] で $R=40\,\Omega$，$L=0.7/\pi$ [H]，$C=250/\pi$ [μF] のとき，回路に流れる電流 $\dot{I}$ と各端子電圧 $\dot{E}_R$, $\dot{E}_L$, $\dot{E}_C$ を求めて，フェーザ図を画いてみよう。ただし周波数を $f=50$ Hz とする。

解 はじめにインピーダンス $\dot{Z}$ を求め，つぎにオームの法則から流れる電流 $\dot{I}$ と各端子電圧 $\dot{E}_R$, $\dot{E}_L$, $\dot{E}_C$ を求めてフェーザ図を画く。

$$\dot{Z}=R+j\left(\omega L-\frac{1}{\omega C}\right)=40+j\left(2\pi\times 50\times\frac{0.7}{\pi}-\frac{1}{2\pi\times 50\times\frac{250}{\pi}\times 10^{-6}}\right)$$

$$=40+j\,30=\sqrt{40^2+30^2}\angle\tan^{-1}\left(\frac{3}{4}\right)=50\angle 36.9°\,[\Omega] \qquad (10.30)$$

$$\dot{I}=\frac{\dot{E}}{\dot{Z}}=\frac{100\angle 0°}{50\angle 36.9°}=2\angle -36.9°\,[\text{A}] \qquad (10.31)$$

上式で電流 $\dot{I}$ が電圧 $\dot{E}$ より遅れているのは，リアクタンスが $\omega L>1/\omega C$ のためである。

つぎに電流 $\dot{I}$ を基準にして各端子電圧 $\dot{E}_R$, $\dot{E}_L$, $\dot{E}_C$ を求めると

$$\dot{E}_R=R\dot{I}=40\times 2\angle 0°=80\angle 0°\,[\text{V}]$$
$$\dot{E}_L=j\omega L\dot{I}=70\angle 90°\times 2\angle 0°=140\angle 90°\,[\text{V}] \qquad (10.32)$$
$$\dot{E}_C=-j\frac{1}{\omega C}\dot{I}=40\angle -90°\times 2\angle 0°=80\angle -90°\,[\text{V}]$$

図 10.11 の（a）にインピーダンス，（b）に電圧，電流のフェーザ図を示す。

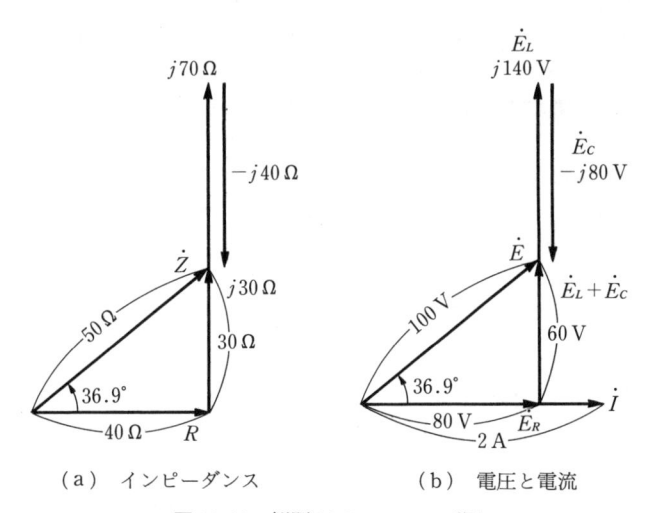

（a）インピーダンス　　（b）電圧と電流

図 10.11 例題 10.5 のフェーザ図

演 習 問 題

(1) 図10.12に示す直列回路のインピーダンス $\dot{Z}$ を求め，フェーザ図を画け。ただし，周波数を $f=50$ Hz とする。

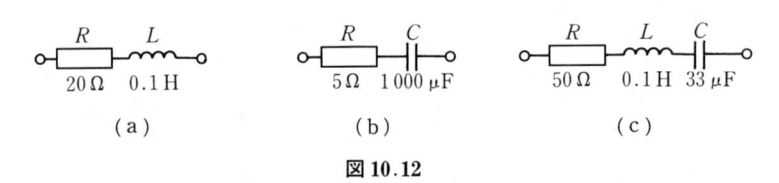

```
   R      L              R      C              R      L      C
   20Ω   0.1H            5Ω   1000μF           50Ω   0.1H   33μF
      (a)                    (b)                     (c)
```
図10.12

(2) 図10.13に示す直列回路のインピーダンス $\dot{Z}$ を求めよ。ただし，インダクタンスやキャパシタンスの値ではなく，リアクタンスの値で与えてあるので注意すること。

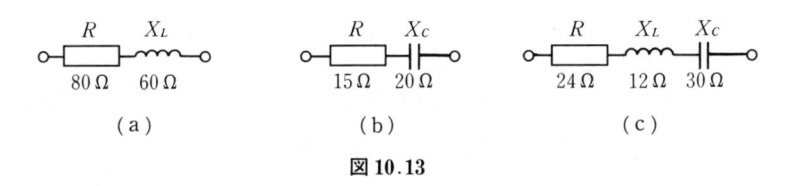

```
   R      X_L            R      X_C            R      X_L    X_C
   80Ω   60Ω            15Ω   20Ω             24Ω   12Ω    30Ω
      (a)                    (b)                     (c)
```
図10.13

(3) RL 直列回路において， $\dot{E}=10\angle 0°$ [V] で $R=4\,\Omega$, $X_L=3\,\Omega$ のとき，回路に流れる電流 $\dot{I}$ と各端子電圧 $\dot{E}_R$, $\dot{E}_L$ を求め，フェーザ図を画け。ただし，インダクタンスの値ではなく，リアクタンスの値で与えてある。

(4) $R=20\,\Omega$ の抵抗と未知の容量性リアクタンス X_C を直列接続して， $\dot{E}=50\angle 0°$ [V] を印加したとき，回路に大きさが $I=2$ A の電流が流れた。未知のリアクタンス X_C を求めよ。

(5) 図10.14に示すスイッチで切り換える回路において， $\dot{E}=100$ V, $X_L=16\,\Omega$,

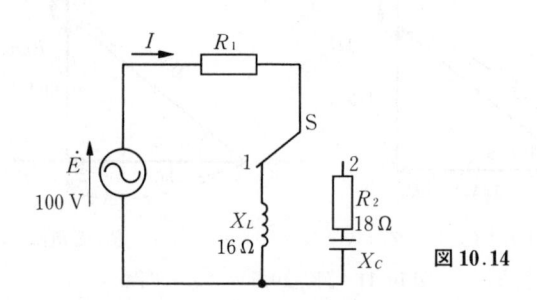

図10.14

$R_2=18\,\Omega$ とする。
 (a) スイッチSを1に倒したとき，大きさが$I=5\,\mathrm{A}$の電流
 (b) スイッチSを2に倒したとき，大きさが$I=2\,\mathrm{A}$の電流
   がそれぞれ流れた。R_1，X_Cの値を求めよ。
(6) RLC直列回路において，印加電圧が$\dot{E}=100\,\mathrm{V}$で，$R=15\,\Omega$，$X_L=40\,\Omega$，$X_C=20\,\Omega$のとき，回路に流れる電流$\dot{I}$と各端子電圧$\dot{E}_R$，$\dot{E}_L$，$\dot{E}_C$を求めよ。
(7) 図 **10.15** に示す回路に$\dot{E}=100\,\mathrm{V}$の交流電圧を加えて，スイッチSを1に倒すとa～b間の電圧E_{ab}が70 V になった。つぎにスイッチSを2に倒したときのa～b間の電圧の大きさE_{ab}を求めよ。

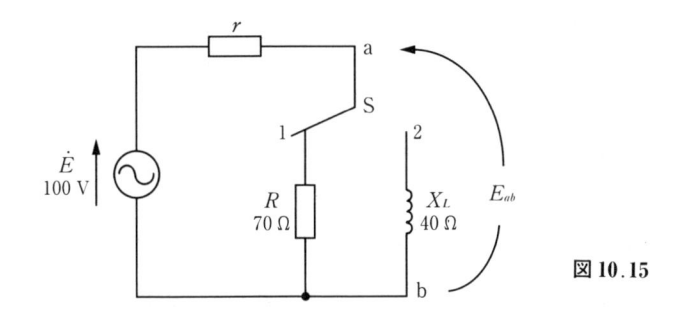

図 10.15

(8) 図 **10.16** に示すRC直列回路において，スイッチSを切り換えて$\dot{E}_1=100\,\mathrm{V}$で$f_1=50\,\mathrm{Hz}$の交流電圧を加えると$I_1=8\,\mathrm{A}$の大きさの電流が流れ，さらに$\dot{E}_2=100\,\mathrm{V}$で$f_2=60\,\mathrm{Hz}$の交流電圧を加えると$I_2=9\,\mathrm{A}$も大きさの電流が流れた。これから抵抗$R$とキャパシタンス$C$の値を求めよ。

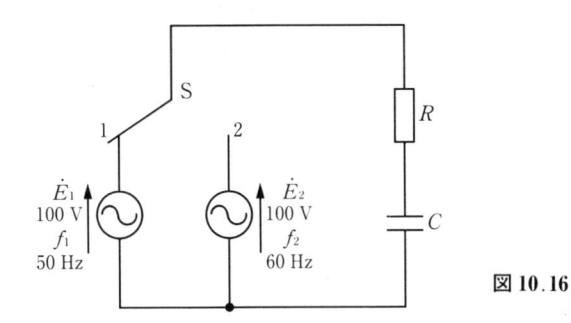

図 10.16

(9) RL直列回路に$E=100\,\mathrm{V}$の直流電圧を加えたら5 A の電流が流れ，さらに$\dot{E}=100\,\mathrm{V}$で50 Hz の交流電圧を加えると2.5 A の大きさの電流が流れた。これから抵抗RとインダクタンスLの値を定め，この回路に$\dot{E}=100\,\mathrm{V}$で60 Hzの交流電圧を加えたときに流れる電流の大きさIを求めよ。ただし，インダクタンスの抵抗分は無視する。

11 交流回路素子の並列接続

本章では交流回路素子を並列接続した場合，すなわち並列回路のアドミタンス，流れる電流や各素子の端子電圧をフェーザ表示し，フェーザ図を描くことによりその位相関係を学ぶ。

11.1 素子の並列接続とアドミタンス

複数の抵抗，インダクタンスおよびキャパシタンスがそれぞれ並列接続されている場合の各素子の合成値を求めてみよう。ここで抵抗の場合は，第2章で説明したので省略する。

11.1.1 インダクタンスの場合

図 11.1（a）に示す，インダクタンスが3個並列接続したときの合成インダクタンス L_0 を求めてみよう。抵抗の場合と同様に流れる電流 $\dot{I}$ が求まれば，インピーダンス $\dot{Z}$ が $\dot{Z}=\dot{E}/\dot{I}$ より求まる。その結果，合成インダクタンス L_0 が求まる。

（a） インダクタンス　　　　（b） キャパシタンス

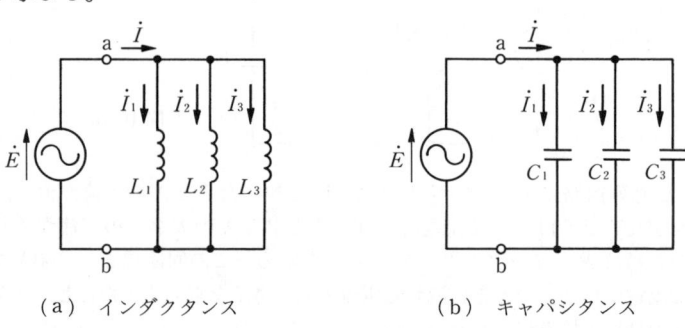

図 11.1　素子の並列接続

$$\dot{I}=\frac{\dot{E}}{j\omega L_1}+\frac{\dot{E}}{j\omega L_2}+\frac{\dot{E}}{j\omega L_3}=\frac{\dot{E}}{j\omega}\left(\frac{1}{L_1}+\frac{1}{L_2}+\frac{1}{L_3}\right)$$

$$\dot{Z}=\frac{\dot{E}}{\dot{I}}=\frac{\dot{E}}{\frac{\dot{E}}{j\omega}\left(\frac{1}{L_1}+\frac{1}{L_2}+\frac{1}{L_3}\right)}=j\omega\left(\frac{1}{\frac{1}{L_1}+\frac{1}{L_2}+\frac{1}{L_3}}\right)=j\omega L_0$$

$$\therefore \quad L_0=\frac{1}{\frac{1}{L_1}+\frac{1}{L_2}+\frac{1}{L_3}} \tag{11.1}$$

上式よりインダクタンスの並列接続の合成値は，抵抗の場合と同様になる。

11.1.2 キャパシタンスの場合

図 11.1（b）に示す，キャパシタンスが3個並列接続したときの合成キャパシタンス C_0 を求めてみよう。抵抗やインダクタンスの場合と同様に行う。

$$\dot{I}=\frac{\dot{E}}{\frac{1}{j\omega C_1}}+\frac{\dot{E}}{\frac{1}{j\omega C_2}}+\frac{\dot{E}}{\frac{1}{j\omega C_3}}=j\omega(C_1+C_2+C_3)\dot{E}$$

$$\dot{Z}=\frac{\dot{E}}{\dot{I}}=\frac{\dot{E}}{j\omega(C_1+C_2+C_3)\dot{E}}=\frac{1}{j\omega(C_1+C_2+C_3)}=\frac{1}{j\omega C_0}$$

$$\therefore \quad C_0=C_1+C_2+C_3 \tag{11.2}$$

したがって，キャパシタンスの並列接続の合成値は，あたかも抵抗の直列接続の合成抵抗に相当している。

11.1.3 アドミタンスの場合

第10章の式（10.4）でインピーダンス $\dot{Z}$ について説明したが，ここで**アドミタンス**（admittance）$\dot{Y}$ を，つぎのようにインピーダンス $\dot{Z}$ の逆数で定義する。アドミタンスの単位は，**ジーメンス**〔siemens，記号 S〕である。

$$\dot{Y}=\frac{1}{\dot{Z}} \tag{11.3}$$

ここでインピーダンスを $\dot{Z}=R+jX$ とおくと，アドミタンス $\dot{Y}$ は

$$\dot{Y}=\frac{1}{R+jX}=\frac{R-jX}{(R+jX)(R-jX)}=\frac{R}{R^2+X^2}-j\frac{X}{R^2+X^2}=G-jB$$

$$\therefore \quad G=\frac{R}{R^2+X^2}, \quad B=\frac{X}{R^2+X^2} \tag{11.4}$$

上式の G を**コンダクタンス**（conductance），B を**サセプタンス**（susceptance）と呼び，単位はいずれもジーメンス〔S〕が用いられている。

11.2 RL並列回路

図11.2に示す抵抗 R とインダクタンス L の並列回路に電圧 $\dot{E}=E\angle 0°$ を印加したとき，回路に流れる電流 $\dot{I}_R$, $\dot{I}_L$, $\dot{I}$ を求め，アドミタンス $\dot{Y}$ と電圧，電流のフェーザ図を画いてみよう。

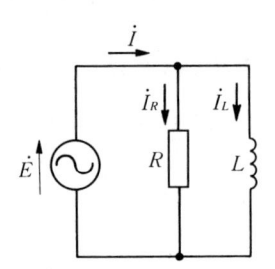

図11.2 RL並列回路

流れる電流 $\dot{I}$ は

$$\dot{I}=\dot{I}_R+\dot{I}_L=\frac{\dot{E}}{R}+\frac{\dot{E}}{j\omega L}=\left(\frac{1}{R}-j\frac{1}{\omega L}\right)\dot{E}=\dot{Y}\dot{E} \tag{11.5}$$

$$=\sqrt{\left(\frac{1}{R}\right)^2+\left(\frac{1}{\omega L}\right)^2}E\angle \tan^{-1}\left(\frac{-\frac{1}{\omega L}}{\frac{1}{R}}\right)$$

$$=\sqrt{\left(\frac{1}{R}\right)^2+\left(\frac{1}{\omega L}\right)^2}E\angle -\tan^{-1}\frac{R}{\omega L}=I\angle -\phi$$

$$\therefore \quad I=\sqrt{\left(\frac{1}{R}\right)^2+\left(\frac{1}{\omega L}\right)^2}E, \quad \phi=\tan^{-1}\frac{R}{\omega L} \tag{11.6}$$

上式から RL 並列回路に流れる電流 $\dot{I}$ は，印加電圧 $\dot{E}$ より ϕ 遅れる。

11.2 RL 並列回路

アドミタンス $\dot{Y}$ は，$\dot{Y}=\dot{I}/\dot{E}$ から求まる．式 (11.6) を用いて

$$\dot{Y}=\frac{\dot{I}}{\dot{E}}=\frac{1}{R}-j\frac{1}{\omega L}=\sqrt{\left(\frac{1}{R}\right)^2+\left(\frac{1}{\omega L}\right)^2}\angle -\phi \tag{11.7}$$

上式から並列回路のアドミタンスは，各素子の逆数の和になることがわかる．

インピーダンス $\dot{Z}$ は，$\dot{Z}=1/\dot{Y}$ より上式を用いて

$$\dot{Z}=\frac{1}{\dot{Y}}=\frac{1}{\sqrt{\left(\frac{1}{R}\right)^2+\left(\frac{1}{\omega L}\right)^2}\angle -\phi}=\frac{R\omega L}{\sqrt{R^2+\omega^2 L^2}}\angle \phi \tag{11.8}$$

図 11.3 の (a) にアドミタンス, (b) に電圧, 電流のフェーザ図を示す．

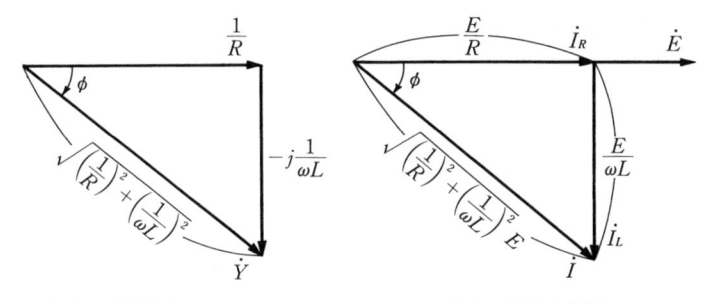

図 11.3 RL 並列回路のフェーザ図

[例題] 11.1 図 11.2 に示した RL 並列回路において，$\dot{E}=100\angle 0°$ [V] で $R=50\,\Omega$，$L=1/\pi$ [H] のとき回路に流れる電流 $\dot{I}$ とインピーダンス $\dot{Z}$ およびアドミタンス $\dot{Y}$ を求め，電圧と電流のフェーザ図を画いてみよう．ただし周波数を $f=50$ Hz とする．

解 はじめに回路に流れる電流 $\dot{I}$ を求め，つぎにインピーダンス $\dot{Z}$ およびアドミタンス $\dot{Y}$ を求める．

$$\dot{I}=\dot{I}_R+\dot{I}_L=\frac{\dot{E}}{R}+\frac{\dot{E}}{j\omega L}=\frac{100}{50}+\frac{100}{j2\pi\times 50\times\frac{1}{\pi}}=2+\frac{100}{j100}=2-j$$

$$=\sqrt{2^2+(-1)^2}\angle \tan^{-1}\left(\frac{-1}{2}\right)=\sqrt{5}\angle -26.6° \text{ [A]} \tag{11.9}$$

$$\dot{Z}=\frac{\dot{E}}{\dot{I}}=\frac{100\angle 0°}{\sqrt{5}\angle -26.6°}=20\sqrt{5}\angle 26.6°=44.7\angle 26.6° \text{ [}\Omega\text{]} \tag{11.10}$$

$$\dot{Y} = \frac{1}{\dot{Z}} = \frac{1}{44.7 \angle 26.6°} = 0.0224 \angle -26.6° \text{ [S]} \tag{11.11}$$

図 11.4 に電圧, 電流のフェーザ図を示す.

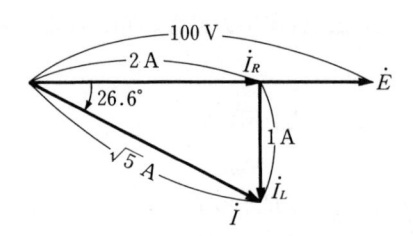

図 11.4 例題 11.1 のフェーザ図

11.3 RC 並列回路

図 11.5 に示す抵抗 R とキャパシタンス C の並列回路に電圧 $\dot{E} = E \angle 0°$ を印加したとき, 回路に流れる電流 $\dot{I}_R$, $\dot{I}_C$, $\dot{I}$ を求め, アドミタンス $\dot{Y}$ と電圧, 電流のフェーザ図を画いてみよう.

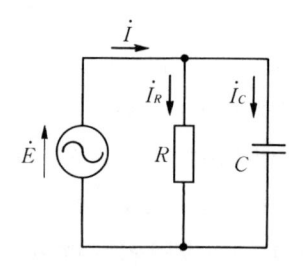

図 11.5 RC 並列回路

流れる電流 $\dot{I}$ は

$$\dot{I} = \dot{I}_R + \dot{I}_C = \frac{\dot{E}}{R} + \frac{\dot{E}}{\frac{1}{j\omega C}} = \left(\frac{1}{R} + j\omega C\right)\dot{E} = \dot{Y}\dot{E} \tag{11.12}$$

$$= \sqrt{\left(\frac{1}{R}\right)^2 + (\omega C)^2} \, E \angle \tan^{-1}\left(\frac{\omega C}{\frac{1}{R}}\right)$$

$$= \sqrt{\left(\frac{1}{R}\right)^2 + (\omega C)^2} \, E \angle \tan^{-1}(R\omega C) = I \angle \phi \tag{11.13}$$

11.3 RC並列回路

$$\therefore \quad I = \sqrt{\left(\frac{1}{R}\right)^2 + (\omega C)^2} E, \quad \phi = \tan^{-1}(R\omega C)$$

上式から RC 並列回路に流れる電流 $\dot{I}$ は，印加電圧 $\dot{E}$ より ϕ 進む。

アドミタンス $\dot{Y}$ は，$\dot{Y} = \dot{I}/\dot{E}$ から求まる。式 (11.12) を用いて

$$\dot{Y} = \frac{\dot{I}}{\dot{E}} = \frac{1}{R} + j\omega C = \sqrt{\left(\frac{1}{R}\right)^2 + \omega^2 C^2} \angle \phi \tag{11.14}$$

インピーダンス $\dot{Z}$ は，$\dot{Z} = 1/\dot{Y}$ より上式を用いて

$$\dot{Z} = \frac{1}{\dot{Y}} = \frac{1}{\sqrt{\left(\frac{1}{R}\right)^2 + \omega^2 C^2} \angle \phi} = \frac{R}{\sqrt{1 + \omega^2 C^2 R^2}} \angle -\phi \tag{11.15}$$

図 11.6 の (a) にアドミタンス，(b) に電圧，電流のフェーザ図を示す。

(a) アドミタンス　　　　　(b) 電圧と電流

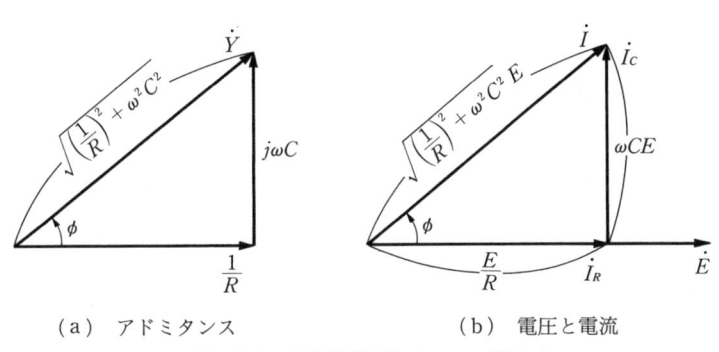

図 11.6　RC 並列回路のフェーザ図

[例題] 11.2　図 11.5 に示した RC 並列回路において，$\dot{E} = 60\angle 0°$ [V] で $R = 15\,\Omega$ さらにキャパシタンス C のリアクタンスが $X_C = 20\,\Omega$ のとき，回路に流れる電流 $\dot{I}_R$, $\dot{I}_C$, $\dot{I}$ とインピーダンス $\dot{Z}$ およびアドミタンス $\dot{Y}$ を求め，電圧と電流のフェーザ図を画いてみよう。

[解]　はじめに回路に流れる電流 $\dot{I}$ を求め，つぎにインピーダンス $\dot{Z}$ およびアドミタンス $\dot{Y}$ を求める。

$$\dot{I} = \dot{I}_R + \dot{I}_C = \frac{\dot{E}}{R} + \frac{\dot{E}}{-jX_C} = \frac{60}{15} + \frac{60}{-j20} = 4 + j3$$

$$= \sqrt{4^2 + 3^2} \angle \tan^{-1}\left(\frac{3}{4}\right) = 5\angle 36.9° \text{ [A]} \tag{11.16}$$

$$\dot{Z} = \frac{\dot{E}}{\dot{I}} = \frac{60\angle 0°}{5\angle 36.9°} = 12\angle -36.9° \ [\Omega] \tag{11.17}$$

$$\dot{Y} = \frac{1}{\dot{Z}} = \frac{1}{12\angle -36.9°} = 0.0833\angle 36.9° \ [S] \tag{11.18}$$

図 11.7 に電圧, 電流のフェーザ図を示す.

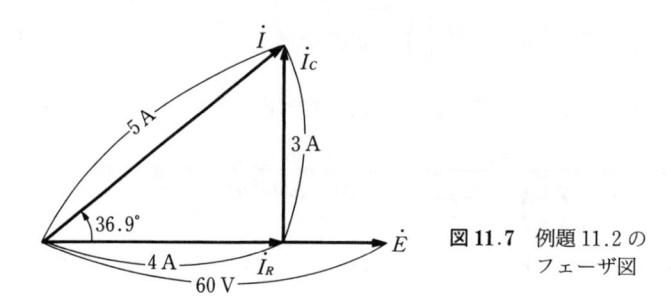

図 11.7 例題 11.2 のフェーザ図

11.4 RLC 並列回路

図 11.8 に示す抵抗 R, インダクタンス L およびキャパシタンス C の並列回路に電圧 $\dot{E} = E\angle 0°$ を印加したとき, 回路に流れる電流 $\dot{I}$ を求め, アドミタンス $\dot{Y}$ と電圧, 電流のフェーザ図を画いてみよう.

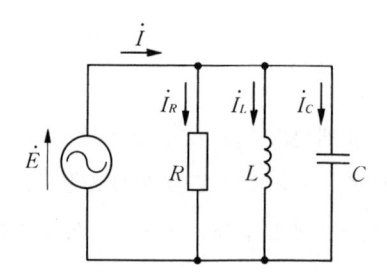

図 11.8 RLC 並列回路

流れる電流 $\dot{I}$ は

$$\dot{I} = \dot{I}_R + \dot{I}_L + \dot{I}_C = \frac{\dot{E}}{R} + \frac{\dot{E}}{j\omega L} + \frac{\dot{E}}{\frac{1}{j\omega C}} = \left\{\frac{1}{R} + j\left(\omega C - \frac{1}{\omega L}\right)\right\}\dot{E} = \dot{Y}\dot{E}$$

11.4 RLC並列回路

$$= \sqrt{\left(\frac{1}{R}\right)^2 + \left(\omega C - \frac{1}{\omega L}\right)^2} E \angle \tan^{-1}\left(\frac{\omega C - \frac{1}{\omega L}}{\frac{1}{R}}\right)$$

$$= \sqrt{\left(\frac{1}{R}\right)^2 + \left(\omega C - \frac{1}{\omega L}\right)^2} E \angle \phi = I \angle \phi \tag{11.19}$$

$$\therefore\ I = \sqrt{\left(\frac{1}{R}\right)^2 + \left(\omega C - \frac{1}{\omega L}\right)^2} E, \quad \phi = \tan^{-1} R\left(\omega C - \frac{1}{\omega L}\right)$$

式 (11.19) から RLC 並列回路に流れる電流 $\dot{I}$ は，リアクタンスの大小関係が $\omega C > 1/\omega L$ の場合は ϕ 進むが，$\omega C < 1/\omega L$ の場合は ϕ 遅れる。

アドミタンス $\dot{Y}$ は，$\dot{Y} = \dot{I}/\dot{E}$ から求まる。式 (11.19) を用いて

$$\dot{Y} = \frac{1}{R} + j\left(\omega C - \frac{1}{\omega L}\right) = \sqrt{\left(\frac{1}{R}\right)^2 + \left(\omega C - \frac{1}{\omega L}\right)^2} \angle \phi \tag{11.20}$$

インピーダンス $\dot{Z}$ は，$\dot{Z} = 1/\dot{Y}$ より上式を用いて

$$\dot{Z} = \frac{1}{\dot{Y}} = \frac{1}{\sqrt{\left(\frac{1}{R}\right)^2 + \left(\omega C - \frac{1}{\omega L}\right)^2}} \angle -\phi \tag{11.21}$$

図 11.9 の (a) にアドミタンス，(b) に電圧，電流のフェーザ図を示す。

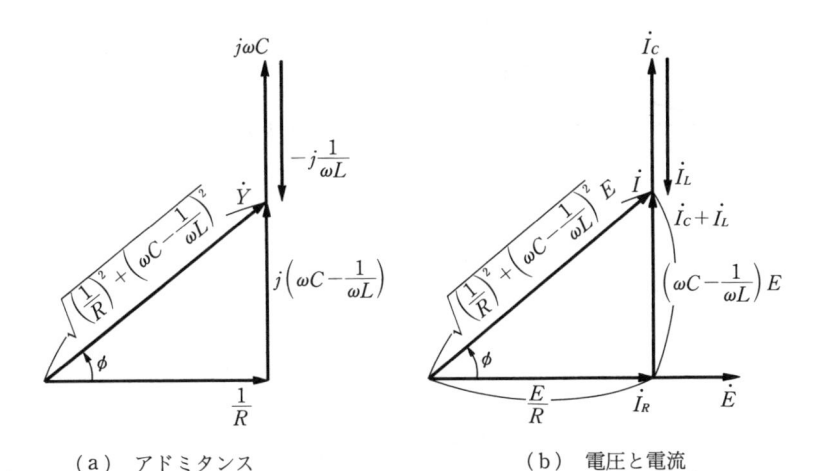

(a) アドミタンス　　　　(b) 電圧と電流

図 11.9　RLC 並列回路のフェーザ図

[例題] 11.3 図11.8に示した RLC 並列回路において，$\dot{E}=100\angle0°$ [V] で $R=50\,\Omega$，$L=0.2\,\mathrm{H}$，$C=50\,\mu\mathrm{F}$ のとき，回路に流れる電流 $\dot{I}$ とインピーダンス $\dot{Z}$ およびアドミタンス $\dot{Y}$ を求め，電圧と電流のフェーザ図を画いてみよう。ただし周波数を $f=60\,\mathrm{Hz}$ とする。

[解] はじめに回路に流れる電流 $\dot{I}$ を求め，つぎにインピーダンス $\dot{Z}$ およびアドミタンス $\dot{Y}$ を求める。

$$\dot{I}=\frac{\dot{E}}{R}+\frac{\dot{E}}{j\omega L}+j\omega C\dot{E}=\frac{100}{50}-j\frac{100}{2\times3.14\times60\times0.2}$$
$$+j\,2\times3.14\times60\times50\times10^{-6}\times100=2-j1.33+j1.88=2+j0.55$$
$$=\sqrt{2^2+0.55^2}\angle\tan^{-1}\left(\frac{0.55}{2}\right)=2.07\angle15.4°\ [\mathrm{A}] \tag{11.22}$$

$$\dot{Z}=\frac{\dot{E}}{\dot{I}}=\frac{100\angle0°}{2.07\angle15.4°}=48.3\angle-15.4°\ [\Omega] \tag{11.23}$$

$$\dot{Y}=\frac{1}{\dot{Z}}=\frac{1}{48.3\angle-15.4°}=0.020\,7\angle15.4°\ [\mathrm{S}] \tag{11.24}$$

図 11.10 に電圧，電流のフェーザ図を示す。

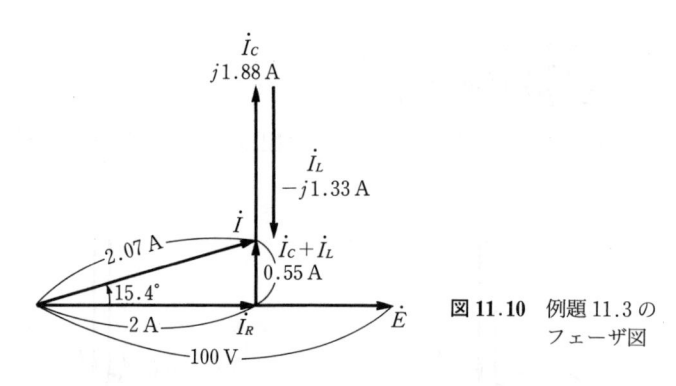

図 11.10 例題 11.3 のフェーザ図

演 習 問 題

(1) 図 11.11 に示す並列回路のアドミタンス $\dot{Y}$ を求め，フェーザ図を画け。ただし周波数を $f=50\,\mathrm{Hz}$ とする。

(2) 図 11.12 に示す並列回路のアドミタンス $\dot{Y}$ を求めよ。ただし，インダクタンスやキャパシタンスの値ではなく，リアクタンスの値で与えてある。

(3) RL 並列回路において，$\dot{E}=48\angle0°$ [V] で $R=16\,\Omega$，$X_L=12\,\Omega$ のとき，回路

図 11.11

(a) $R=2\,\Omega$, $L=10\,\text{mH}$
(b) $R=5\,\Omega$, $C=1000\,\mu\text{F}$
(c) $R=4\,\Omega$, $L=5\,\text{mH}$, $C=3300\,\mu\text{F}$

図 11.12

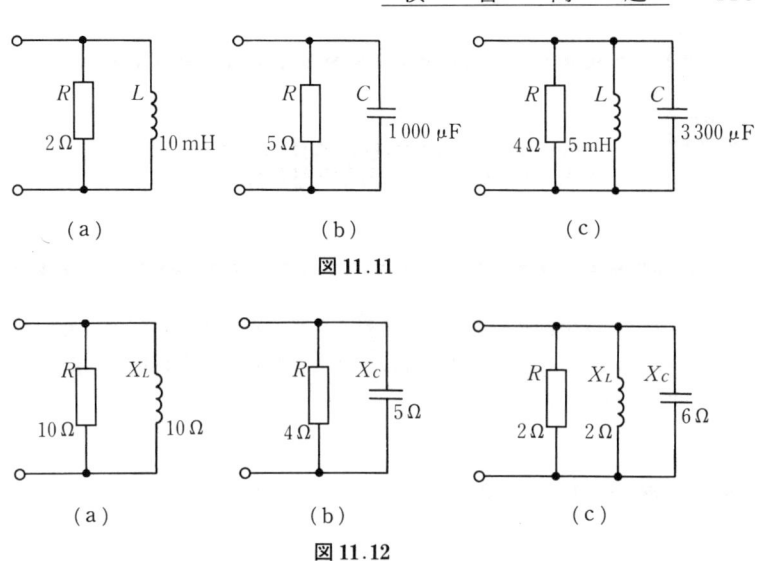

(a) $R=10\,\Omega$, $X_L=10\,\Omega$
(b) $R=4\,\Omega$, $X_C=5\,\Omega$
(c) $R=2\,\Omega$, $X_L=2\,\Omega$, $X_C=6\,\Omega$

に流れる電流 $\dot{I}$ とインピーダンス $\dot{Z}$ およびアドミタンス $\dot{Y}$ を求めよ。インダクタンスの値ではなく，リアクタンスの値で与えてある。

(4) 未知の抵抗 R と $X_C=5\,\Omega$ の容量性リアクタンスを並列接続して，$\dot{E}=60\angle 0°$ [V] を印加したとき，回路に大きさが $I=13\,\text{A}$ の電流が流れた。未知の抵抗 R を求めよ。

(5) 図 11.13 に示す回路で，$\dot{E}=60\angle 0°$ [V]，$R=5\,\Omega$，$X_L=15\,\Omega$ のとき，スイッチ S を ON にして未知の容量性リアクタンス X_C を接続すると，回路には大きさが $I=20\,\text{A}$ の電流が流れた。未知のリアクタンス X_C を求めよ。

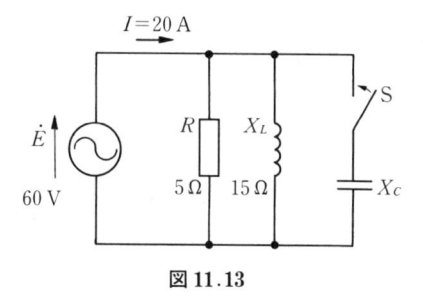

図 11.13

12 交流の直並列回路

本章では，交流回路素子の直列接続と並列接続が混在する通常の直並列回路について，インピーダンスをはじめ流れる電流や各端子電圧を求めて，フェーザ図を画いてみよう。

12.1 直並列回路

通常の交流回路では，交流回路素子すなわち抵抗，インダクタンスおよびキャパシタンスが混在した直並列回路が一般的となっている。ここでは代表的な直並列回路を例にあげ以下に説明する。

[例題] 12.1 図 12.1 に示す直並列回路において，電圧 $\dot{E}=10\angle 0°$ [V] を印加したときインピーダンス $\dot{Z}$，回路に流れる各電流 $\dot{I}$，$\dot{I}_1$，$\dot{I}_2$ と各端子電圧 $\dot{E}_R$，$\dot{E}_L$，$\dot{E}_C$ を求め，フェーザ図を画いてみよう。

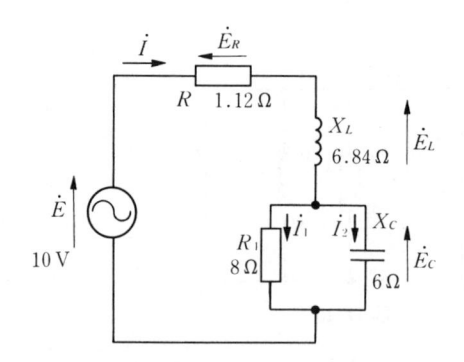

図 12.1 例題 12.1 の直並列回路

[解] はじめに回路のインピーダンス $\dot{Z}$ を求める。つぎに流れる電流 $\dot{I}$ は $\dot{I}=\dot{E}/\dot{Z}$ から，また $\dot{I}_1$，$\dot{I}_2$ は分流の式から求める。各端子電圧は $\dot{E}=\dot{Z}\dot{I}$ から求める。

12.1 直並列回路

$$\dot{Z} = R + jX_L + \frac{-jX_C R_1}{R_1 - jX_C} = 1.12 + j6.84 + \frac{-j48}{8-j6}$$

$$= 1.12 + j6.84 + \frac{-j48(8+j6)}{(8-j6)(8+j6)} = 1.12 + j6.84 + \frac{288 - j384}{100}$$

$$= 4 + j3 = \sqrt{4^2 + 3^2} \angle \tan^{-1}\left(\frac{3}{4}\right) = 5\angle 36.9°\ [\Omega] \tag{12.1}$$

$$\dot{I} = \frac{\dot{E}}{\dot{Z}} = \frac{10\angle 0°}{5\angle 36.9°} = 2\angle -36.9°\ [A] \tag{12.2}$$

式 (12.2) から流れる電流 $\dot{I}$ は, 印加電圧 $\dot{E}$ より 36.9° 遅れることがわかる。つぎに電流 $\dot{I}_1$, $\dot{I}_2$ は分流の式から求めるのだが, フェーザ図の書きやすさから電流 $\dot{I}$ の位相を基準 (0°) とする。

$$\dot{I} = \dot{I}_1 + \dot{I}_2 = 2\angle 0°\ [A]$$

$$\dot{I}_1 = \frac{-jX_C}{R_1 - jX_C}\dot{I} = \frac{-j6}{8-j6} \times 2\angle 0° = \frac{-j6(8+j6)}{(8-j6)(8+j6)} \times 2\angle 0°$$

$$= (0.36 - j0.48) \times 2\angle 0° = \sqrt{0.36^2 + 0.48^2} \angle -\tan^{-1}\left(\frac{0.48}{0.36}\right) \times 2\angle 0°$$

$$= 0.6\angle -53.1° \times 2\angle 0° = 1.2\angle -53.1°\ [A] \tag{12.3}$$

$$\dot{I}_2 = \frac{R_1}{R_1 - jX_C}\dot{I} = \frac{8}{8-j6} \times 2\angle 0° = \frac{8(8+j6)}{(8-j6)(8+j6)} \times 2\angle 0°$$

$$= (0.64 + j0.48) \times 2\angle 0° = \sqrt{0.64^2 + 0.48^2} \angle \tan^{-1}\left(\frac{0.48}{0.64}\right) \times 2\angle 0°$$

$$= 0.8\angle 36.9° \times 2\angle 0° = 1.6\angle 36.9°\ [A] \tag{12.4}$$

つぎに各端子電圧 $\dot{E}_R$, $\dot{E}_L$, $\dot{E}_C$ は, $\dot{I}_1$, $\dot{I}_2$ と同様に電流 $\dot{I}$ の位相を基準 (0°) として求める。その結果, 印加電圧 $\dot{E}$ は電流 $\dot{I}$ より 36.9° 進むことになる。また $\dot{E}_C$ は R_1 と X_C の並列接続の端子電圧なので, いずれも等しく $\dot{E}_C = R_1\dot{I}_1 = -jX_C\dot{I}_2$ となる。ここでは R_1 から端子電圧を求める。

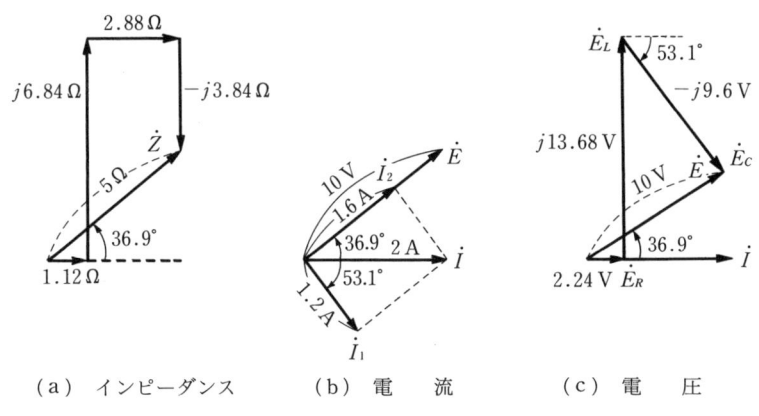

 (a) インピーダンス　　(b) 電　流　　(c) 電　圧

図 12.2 フェーザ図

$$\dot{E} = \dot{E}_R + \dot{E}_L + \dot{E}_C = 10\angle 36.9° \text{ [V]}$$
$$\dot{E}_R = R\dot{I} = 1.12 \times 2\angle 0° = 2.24\angle 0° \text{ [V]} \tag{12.5}$$
$$\dot{E}_L = jX_L\dot{I} = j6.84 \times 2\angle 0° = 6.84\angle 90° \times 2\angle 0°$$
$$= 13.68\angle 90° \text{ [V]} \tag{12.6}$$
$$\dot{E}_C = R_1\dot{I}_1 = 8 \times 1.2\angle -53.1° = 9.6\angle -53.1° \text{ [V]} \tag{12.7}$$

図 12.2 の（a）にインピーダンス，（b）に電流，（c）に電圧のフェーザ図を示す．

[例題] 12.2 図 12.3 に示す直並列回路において，電圧 $\dot{E} = 5\angle 0°$ [V] を印加したら回路に電流が $\dot{I} = 5\angle -36.9°$ [A] 流れた．$R = 1\,\Omega$，$X_C = 2\,\Omega$ のとき，未知の誘導性リアクタンス X_L の大きさを求めよ．

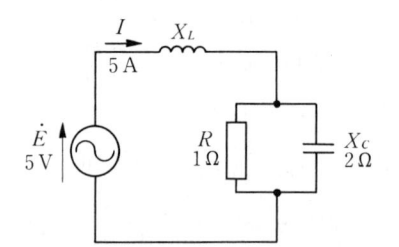

図 12.3 例題 12.2 の直並列回路

[解] 回路のインピーダンス $\dot{Z}$ を求めて，流れる電流 $\dot{I}$ の大きさの式を導き，これに与えられた $I = 5$ A を代入することにより X_L が求まる．

$$\dot{Z} = jX_L + \frac{-jX_C R}{R - jX_C} = jX_L + \frac{-j2}{1-j2} = jX_L + \frac{-j2(1+j2)}{(1-j2)(1+j2)}$$
$$= jX_L + 0.8 - j0.4 = 0.8 + j(X_L - 0.4) \tag{12.8}$$
$$I = |\dot{I}| = \left|\frac{\dot{E}}{\dot{Z}}\right| = \frac{5}{\sqrt{0.8^2 + (X_L - 0.4)^2}} \tag{12.9}$$

式（12.9）は回路に流れる電流の大きさであり，題意よりこれが $I = 5$ A なので

$$\frac{5}{\sqrt{0.8^2 + (X_L - 0.4)^2}} = 5$$
$$\sqrt{0.8^2 + (X_L - 0.4)^2} = 1 \tag{12.10}$$

ここで $X_L > 0$ なので，これを満足する X_L を上式から求めると

$$0.8^2 + (X_L - 0.4)^2 = 1$$
$$(X_L - 0.4)^2 = 1 - 0.64 = 0.36 = 0.6^2$$
$$X_L - 0.4 = 0.6$$
$$\therefore \quad X_L = 1\,\Omega \tag{12.11}$$

12.2 インピーダンスの等価変換

抵抗とリアクタンスからなる並列回路を等価的に直列回路に変換すると回路が簡略化でき，計算が簡単になる場合がある．ここでは RL 並列回路と RC 並列回路について，それに対応する直列回路に等価変換してみよう．

12.2.1 RL 並列回路の等価変換

図 12.4（a）に示す並列回路を等価的に抵抗 R_a と誘導性リアクタンス X_a で表した図（b）の回路，さらに抵抗 R_a とインダクタンス L_a で表した図（c）の回路について，つぎの例題で考えてみよう．

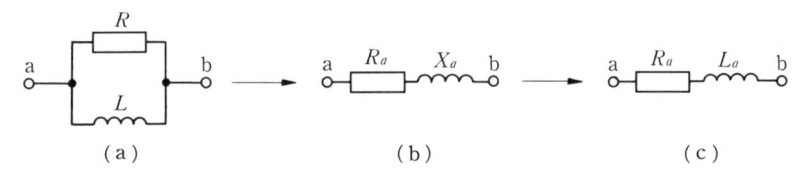

図 12.4 RL 並列回路の等価変換

[例題] 12.3 図 12.4（a）において，$R=100\,\Omega$，$L=1\,\mathrm{H}$ のとき，これを直列回路に等価変換して R_a，X_a，L_a を求めよ．ただし周波数を $f=50\,\mathrm{Hz}$ とする．

[解] 回路のインピーダンスを求めることにより R_a，X_a，L_a が定まる．

$$\dot{Z}=\frac{j\omega LR}{R+j\omega L}=\frac{j\,2\pi\times50\times1\times100}{100+j\,2\pi\times50\times1}=\frac{j\,100\,\pi}{1+j\pi}=\frac{j\,100\,\pi(1-j\pi)}{(1+j\pi)(1-j\pi)}$$

$$=\frac{100\,\pi^2+j\,100\,\pi}{1+\pi^2}=90.8+j\,28.9=R_a+jX_a=R_a+j\omega L_a \tag{12.12}$$

$$\therefore\ R_a=90.8\,\Omega,\quad X_a=28.9\,\Omega \tag{12.13}$$

$$L_a=\frac{X_a}{\omega}=\frac{28.9}{2\,\pi\times50}=0.092\,\mathrm{H}$$

$$\therefore\ L_a=0.092\,\mathrm{H} \tag{12.14}$$

12.2.2 RC 並列回路の等価変換

図 12.5（a）に示す RC 並列回路を，等価的に抵抗 R_b と容量性リアクタンス X_b で表した図（b）の回路，さらに抵抗 R_b とキャパシタンス C_b で表した図（c）の回路について，つぎの例題で考えてみよう。

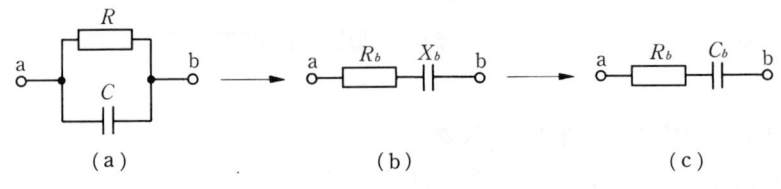

図 12.5 RC 並列回路の等価変換

[例題] 12.4 図 12.5（a）に示した RC 並列回路において，$R=50\,\Omega$，$C=100\,\mu\text{F}$ のとき，これを直列回路に等価変換して R_b，X_b，C_b を求めよ。ただし周波数を $f=50\,\text{Hz}$ とする。

[解]

$$\dot{Z}=\frac{R}{1+j\omega CR}=\frac{50}{1+j\,2\pi\times 50\times 100\times 10^{-6}\times 50}=\frac{50}{1+j\,0.5\,\pi}$$

$$=\frac{50(1-j\,0.5\,\pi)}{(1+j\,0.5\,\pi)(1-j\,0.5\,\pi)}=14.4-j\,22.7=R_b-jX_b=R_b-j\frac{1}{\omega C_b}$$

(12.15)

∴ $R_b=14.4\,\Omega$, $X_b=22.7\,\Omega$ (12.16)

$$C_b=\frac{1}{\omega X_b}=\frac{1}{2\pi\times 50\times 22.7}=140\,\mu\text{F}$$

∴ $C_b=140\,\mu\text{F}$ (12.17)

演 習 問 題

（1） 図 12.6 に示す直並列回路のインピーダンス $\dot{Z}$ を求めよ。

（2） 図 12.7 に示す直並列回路のインピーダンス $\dot{Z}$ を求めよ。ただし周波数を $f=50\,\text{Hz}$ とする。

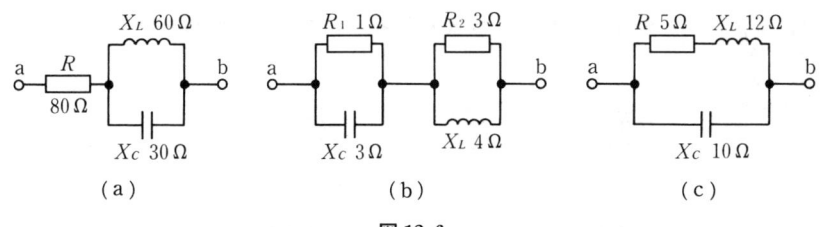

図 12.6

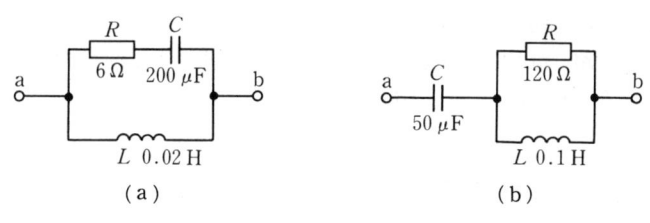

(a) R 80Ω, X_L 60Ω, X_C 30Ω
(b) R_1 1Ω, X_C 3Ω, R_2 3Ω, X_L 4Ω
(c) R 5Ω, X_L 12Ω, X_C 10Ω

図 12.7

(a) R 6Ω, C 200μF, L 0.02H
(b) C 50μF, R 120Ω, L 0.1H

(3) 図 12.8 に示す直並列回路において，インピーダンス $\dot{Z}$，回路に流れる各電流 $\dot{I}$，$\dot{I}_1$，$\dot{I}_2$ と各端子電圧 $\dot{E}_R$，$\dot{E}_L$，$\dot{E}_C$ を求め，インピーダンス，電流および端子電圧のフェーザ図を画け。

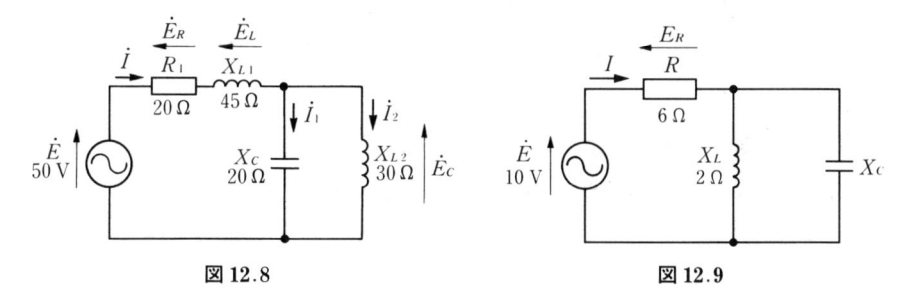

図 12.8: $\dot{E}$ = 50V, R_1 = 20Ω, X_{L1} = 45Ω, X_C = 20Ω, X_{L2} = 30Ω

図 12.9: $\dot{E}$ = 10V, R = 6Ω, X_L = 2Ω, X_C

(4) 図 12.9 に示す直並列回路において電圧を $\dot{E}$ = 10 V 加えたとき，つぎの各条件(a), (b)に対する未知の容量性リアクタンス X_c の値を求めよ。
 (a) 回路に I = 1 A の大きさの電流が流れたとする。
 (b) 抵抗 R の端子電圧が E_R = 8 V になったとする。

13 諸 定 理

本章では，回路の中に複数の起電力（電圧源）や電流（電流源）が存在する場合の回路に流れる電流などを簡単に求める方法，すなわちテブナンの定理や重ね合わせの理について学ぶ．

13.1 電圧源と電流源

電源には，電圧源と電流源がある．**電圧源**（voltage generator または voltage source）とは，回路に一定電圧を供給する**源**（source）のことで，定電圧源とも呼ばれている．**電流源**（current generator または current source）とは，回路に一定電流を供給する源のことで，定電流源とも呼ばれている．

13.1.1 電　圧　源

図 13.1（a）に直流回路の電圧源の表示法を示す．図（a）において，E は電圧源の電圧の大きさ，r は電圧源の出力抵抗または内部抵抗と呼ばれ，電圧源の中に含まれている．

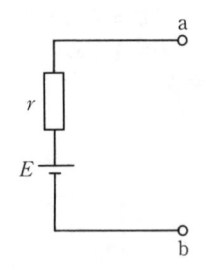

（a）電圧源の表示法　　　　（b）電圧源の条件

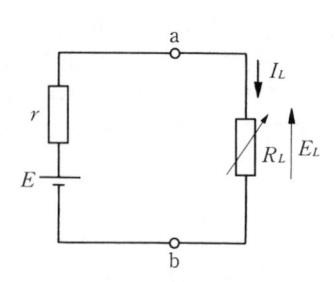

図 13.1　電　圧　源

図(a)の電圧源の端子a～b間に負荷抵抗 R_L を接続した図(b)の回路において，負荷抵抗が変化しても負荷抵抗に一定電圧を供給するための r と R_L の条件を求めてみよう。ここで負荷抵抗とは電力を消費する抵抗のことをいう。

負荷抵抗 R_L の端子電圧を E_L とおくと，分圧の式から

$$E_L = \frac{R_L}{r+R_L}E = \frac{E}{\frac{r}{R_L}+1} \tag{13.1}$$

上式で $r/R_L \ll 1$ の条件，すなわち $r \ll R_L$ が成立すると負荷抵抗 R_L が変化してもその端子電圧 E_L は，$E_L \cong E$ となることから一定値とみなせる。

したがって**定電圧源とは，電圧源の出力抵抗 r が負荷抵抗 R_L に比べて非常に小さく，理想的には零の場合をいう。**

（注意） 電圧源と定電圧源の区別は，一般に行われていない場合が多い。

[例題]13.1 図13.1（b）に示した電圧源において，R_L を $100\,\Omega$ から $1\,\mathrm{k}\Omega$ まで変化させたとき，R_L の端子電圧 E_L は何ボルトから何ボルトまで変化するか求めよ。ただし，$E=10\,\mathrm{V}$，$r=5\,\Omega$ とする。

解 分圧の式を用いて，各負荷抵抗における端子電圧 E_L を求める。
（a） $R_L = 100\,\Omega$

$$E_L = \frac{R_L}{r+R_L}E = \frac{100}{5+100} \times 10 = 9.52\,\mathrm{V} \tag{13.2}$$

（b） $R_L = 1\,\mathrm{k}\Omega$

$$E_L = \frac{R_L}{r+R_L}E = \frac{1\,\mathrm{k}}{5+1\,\mathrm{k}} \times 10 = 9.95\,\mathrm{V} \tag{13.3}$$

負荷抵抗 R_L の端子電圧 E_L は，$9.52\,\mathrm{V} \sim 9.95\,\mathrm{V}$ まで変化するが，その変化が5％程度と小さいので定電圧源とみなせる。

13.1.2 電　流　源

図13.2（a）に直流回路の電流源の表示法を示す。図（a）において，I は電流源の電流の大きさ，r は電流源の出力抵抗または内部抵抗と呼ばれ，電流源の中に含まれている。

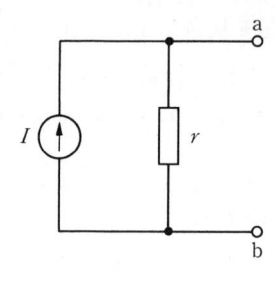

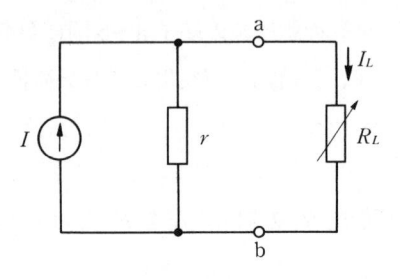

(a) 電流源の表示法　　　　(b) 電流源の条件

図13.2　電　流　源

図（a）の電流源の端子a〜b間に負荷抵抗を接続した図（b）の回路において，負荷抵抗が変化しても負荷抵抗に一定電流を供給するための r と R_L の条件を求めてみよう。負荷抵抗 R_L に流れる電流を I_L とおくと，分流の式から

$$I_L = \frac{r}{r+R_L} I = \frac{I}{1+\frac{R_L}{r}} \tag{13.4}$$

上式で $R_L/r \ll 1$ の条件，すなわち $r \gg R_L$ が成立すると負荷抵抗 R_L が変化しても負荷に流れる I_L は，$I_L \cong I$ となることから一定値とみなせる。

したがって**定電流源とは，電流源の出力抵抗 r が負荷抵抗 R_L に比べて非常に大きく，理想的には無限大の場合をいう。**

[例題] 13.2　図13.2（b）に示した電流源において，R_L を 1 kΩ から 5 kΩ まで変化させたとき，R_L に流れる電流 I_L は何アンペアから何アンペアまで変化するか求めよ。ただし，$I = 10$ mA，$r = 100$ kΩ とする。

[解]　分流の式を用いて，各負荷抵抗へ流れる電流 I_L を求める。
（a）$R_L = 1$ kΩ

$$I_L = \frac{r}{r+R_L} I = \frac{100\,\text{k}}{100\,\text{k}+1\,\text{k}} \times 0.01 = 9.9\,\text{mA} \tag{13.5}$$

（b）$R_L = 5$ kΩ

$$I_L = \frac{r}{r+R_L} I = \frac{100\,\text{k}}{100\,\text{k}+5\,\text{k}} \times 0.01 = 9.52\,\text{mA} \tag{13.6}$$

負荷抵抗 R_L へ流れる電流 I_L は，9.9 mA〜9.52 mA まで変化するが，その変化が5％程度と小さいので定電流源とみなせる。

13.1 電圧源と電流源

上記電圧源と電流源は，直流の場合を例にとり説明したが，交流においても同様に扱える．ただし，直流の電圧と電流を交流のフェーザ表示した電圧 $\dot{E}$ と電流 $\dot{I}$ にして，さらに出力抵抗 r を出力インピーダンス $\dot{Z}_0$ に置き換える．

13.1.3 電圧源と電流源の等価変換

電圧源から電流源へ，もしくは電流源から電圧源への等価変換は，電気回路をはじめ電子回路やセンサ工学など，特にトランジスタや各種センサの等価回路の中で多く用いられている．図 13.1（a）に示す電圧源を図 13.2（a）の電流源に，端子 a～b 間からみて等価に変換する．すなわち，電流源の電流 I と出力抵抗 r を，電圧源の電圧 E と出力抵抗 r で表す．

図の**端子 a～b 間で等価変換するには，以下に示す二つの規則がある．**
（規則 1） a～b 間を開放（オープン）したときの開放電圧 E_0 が等しい．
（規則 2） a～b 間を短絡（ショート）したときの短絡電流 I_S が等しい．

図 13.3 に示す回路で（規則 1）を適用してみよう．図（a）から電圧源の電圧 E が端子 a～b 間にそのまま現れるので，開放電圧は $E_0=E$ となる．図（b）から電流源の電流 I が R に流れてその端子電圧が開放電圧になるので，$E_0=RI$ となる．これを式（13.7）に示す．

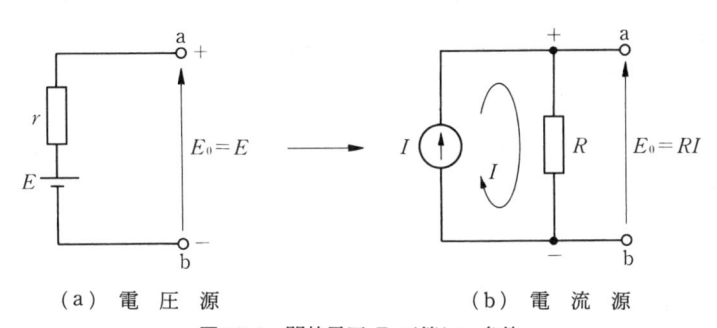

（a）電 圧 源　　　　（b）電 流 源
図 13.3 開放電圧 E_0 が等しい条件

つぎに**図 13.4** に示す回路で（規則 2）を適用してみよう．このとき端子 a～b 間は，導線を接続して短絡する．図（a）において短絡電流はオームの法則から $I_S=E/r$ となる．図（b）から電流源の電流 I は，短絡した導線の抵抗

(a) 電圧源　　　　　　　　　(b) 電流源

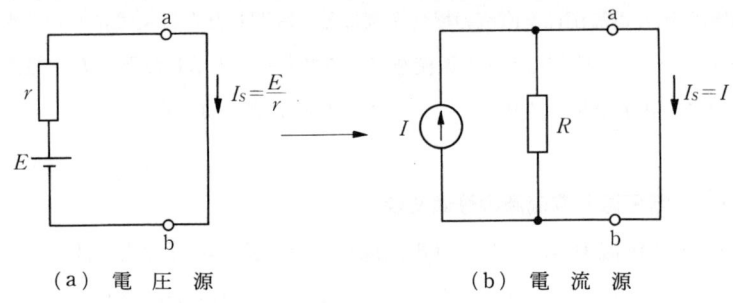

図 13.4　短絡電流 I_s が等しい条件

が 0Ω とみなせるので R には流れず，すべて導線に流れるので $I_s=I$ となる。これを式 (13.8) に示す。

$$E_0 = E = RI \tag{13.7}$$

$$I_s = \frac{E}{r} = I \tag{13.8}$$

上式から I と R を求めると次式となる。

$$I = \frac{E}{r}, \quad R = r \tag{13.9}$$

したがって，図 13.5 に示すように電圧源が電流源に等価変換できる。このように，**電流源で表示した回路をノートン**（Norton）**の等価回路**という。一方，**電圧源で表示した回路をテブナンの等価回路**という。

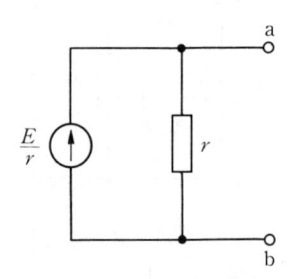

図 13.5　電圧源の電流源表示

例題 13.3　図 13.6 に示す回路を一つの電圧源に変換せよ。

解　端子 a〜b 間において，開放電圧と短絡電流の規則を用いて電圧源に変換する。回路の中で複数の電圧源と出力抵抗がある場合は，整理してそれぞれ一つにまとめる。変換した電圧源を図 13.7 に示す。

13.2 テブナンの定理　125

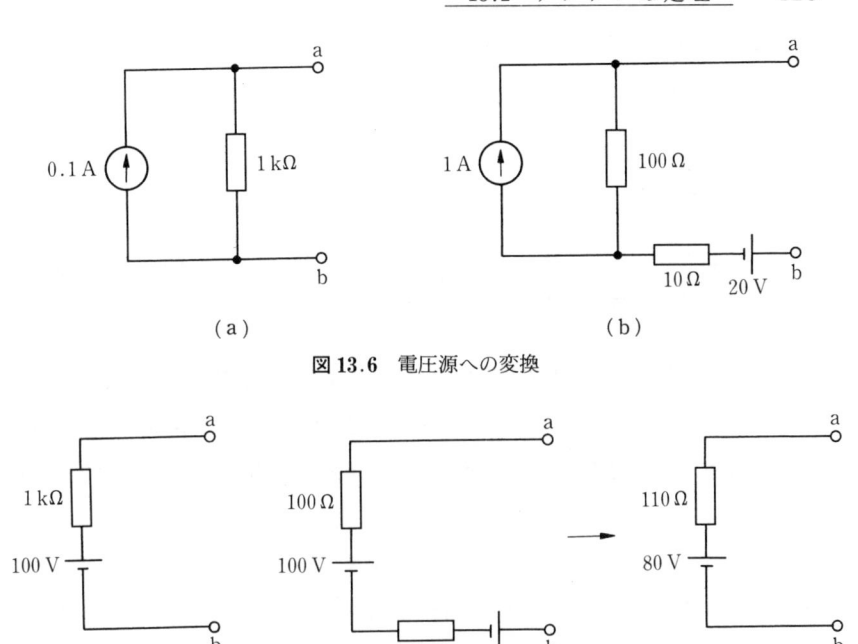

(a)　(b)

図 13.6　電圧源への変換

(a)　(b)

図 13.7　電 圧 源 表 示

13.2 テブナンの定理

　テブナン（Thévenin）は電源を含む複雑な回路において，その回路を一つの電圧源の等価回路で表すことにより回路の簡素化を図り，任意の枝路に流れる電流を求めた。以下にテブナンの定理について説明する。
　図 13.8 に示すように，電圧源や電流源を含む任意の線形回路網の端子 a〜b 間にインピーダンス $\dot{Z}_L$ を接続したとき，これに流れる電流 $\dot{I}_L$ は次式で示される。

$$\dot{I}_L = \frac{\dot{E}_0}{\dot{Z}_0 + \dot{Z}_L} \tag{13.10}$$

ここで　$\dot{Z}_0$：端子 a〜b 間からみた回路網の出力インピーダンス

13. 諸定理

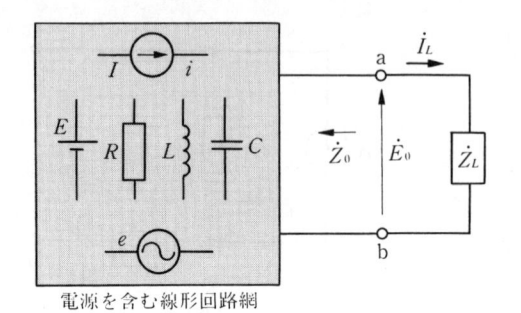

図 13.8 テブナンの定理の原理図

$\dot{E}_0$：端子 a～b 間を開放したときの a～b 間に現れる開放電圧

上式はテブナンの定理と呼ばれているが，**出力インピーダンス $\dot{Z}_0$ を求める際は，回路網の中に含まれる電圧源はすべて短絡し，電流源はすべて開放する**ことに注意する。

テブナンの定理の適用例について以下に述べる。

[例題] 13.4 図 13.9（a）に示す回路において，テブナンの定理を用いて R_L に流れる電流 I_L を求めよ。

（a）

（b） Z_0

（c） E_0

（d） テブナンの電圧源による等価回路

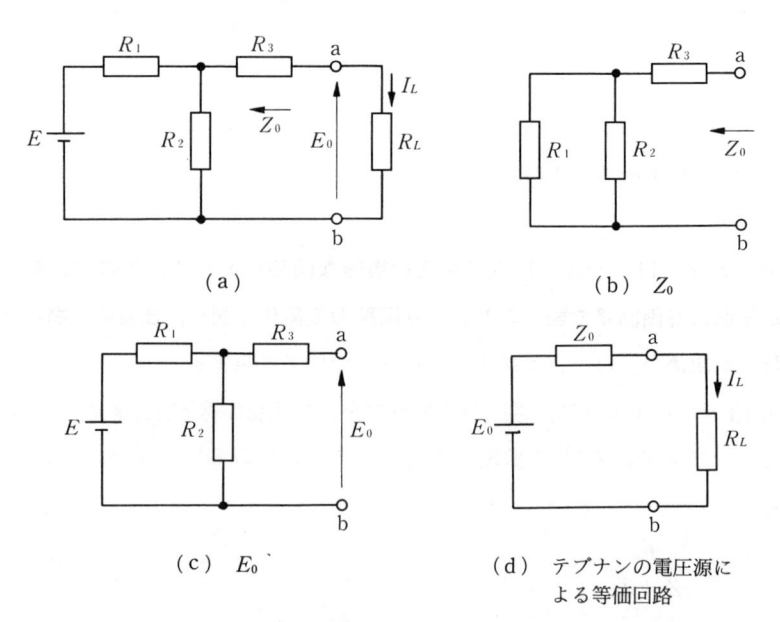

図 13.9 例題 13.4 のテブナンの定理

13.2 テブナンの定理

解 端子a〜b間における Z_0 と E_0 を求めると，図（b），（c）から図（d）に示すような電圧源の等価回路が得られるので，これから I_L を求める。

出力インピーダンス Z_0 は，起電力 E を短絡した図（b）に示す回路から求めると次式になる。

$$Z_0 = R_3 + \frac{R_1 R_2}{R_1 + R_2} \tag{13.11}$$

開放電圧 E_0 は，図（c）に示すように R_3 には電流が流れないので，R_3 の端子電圧は零となる。そのため，開放電圧 E_0 は R_2 の端子電圧と等しくなるので，分圧の式を用いて求めると

$$E_0 = \frac{R_2}{R_1 + R_2} E \tag{13.12}$$

図（d）から R_L に流れる電流 I_L は，式（13.11），（13.12）を用いて求めると

$$I_L = \frac{E_0}{Z_0 + R_L} = \frac{\frac{R_2}{R_1 + R_2} E}{R_3 + \frac{R_1 R_2}{R_1 + R_2} + R_L} = \frac{R_2 E}{(R_1 + R_2)(R_3 + R_L) + R_1 R_2} \tag{13.13}$$

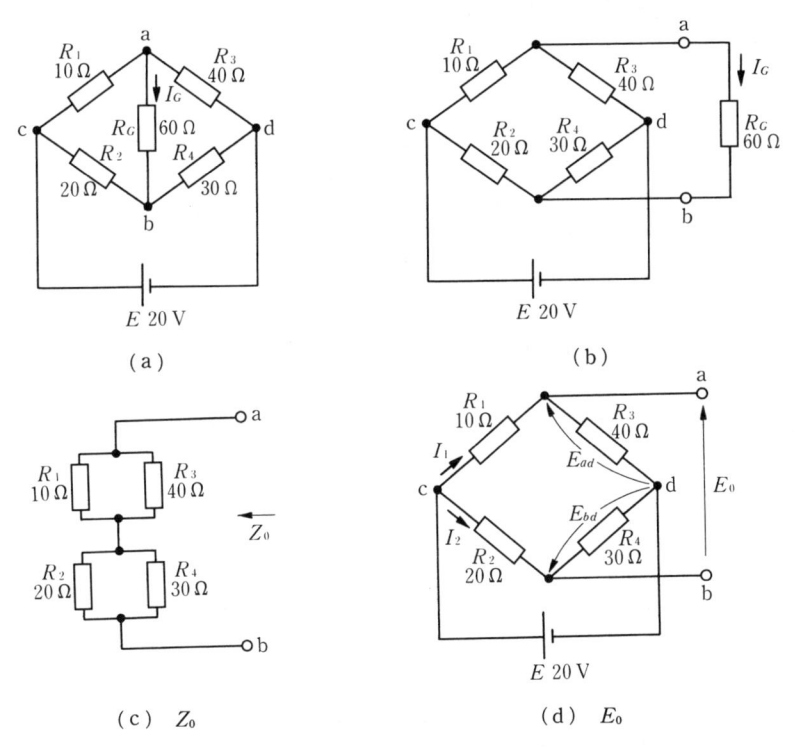

図 **13.10** 例題 13.5 のテブナンの定理

13. 諸 定 理

[例題] 13.5 図 13.10（a）に示すブリッジ回路において，R_G に流れる電流 I_G をテブナンの定理を用いて求めよ。

[解] 図 13.10（b）のように書き直すとテブナンの定理が適用しやすい。出力インピーダンス Z_0 は，起電力 E を短絡した図（c）から求めると

$$Z_0 = \frac{R_1 R_3}{R_1 + R_3} + \frac{R_2 R_4}{R_2 + R_4} = \frac{10 \times 40}{10 + 40} + \frac{20 \times 30}{20 + 30}$$
$$= 8 + 12 = 20 \ \Omega \tag{13.14}$$

開放電圧 E_0 は，図（d）から分圧の式を用いて求めると次式になる。

$$E_0 = \frac{R_3 E}{R_1 + R_3} - \frac{R_4 E}{R_2 + R_4} = \frac{40 \times 20}{10 + 40} - \frac{30 \times 20}{20 + 30}$$
$$= 16 - 12 = 4 \ \text{V} \tag{13.15}$$

R_G に流れる電流 I_G は，式 (13.14)，(13.15) を用いると次式となる。

$$I_G = \frac{E_0}{Z_0 + R_G} = \frac{4}{20 + 60} = \frac{4}{80} = 0.05 \ \text{A} \tag{13.16}$$

[例題] 13.6 図 13.11 に示す回路において，X_L に流れる電流 $\dot{I}_L$ をテブナンの定理を用いて求めよ。

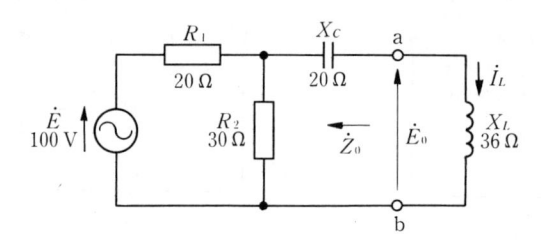

図 13.11 例題 13.6 のテブナンの定理

[解] 交流の場合はフェーザ表示で $\dot{Z}_0$ と $\dot{E}_0$ を求め，$\dot{I}_L$ を計算する。

$$\dot{Z}_0 = -jX_C + \frac{R_1 R_2}{R_1 + R_2} = -j\,20 + \frac{20 \times 30}{20 + 30}$$
$$= 12 - j\,20 = \sqrt{12^2 + 20^2} \angle -\tan^{-1}\left(\frac{20}{12}\right) = 23.3 \angle -59° \ [\Omega] \tag{13.17}$$

$$\dot{E}_0 = \frac{R_2}{R_1 + R_2}\dot{E} = \frac{30}{20 + 30} \times 100 = 60 \ [\text{V}] \tag{13.18}$$

$$\dot{I}_L = \frac{\dot{E}_0}{\dot{Z}_0 + jX_L} = \frac{60}{(12 - j\,20) + j\,36} = \frac{60}{12 + j\,16} = \frac{15}{3 + j\,4}$$
$$= \frac{15}{\sqrt{3^2 + 4^2} \angle \tan^{-1}\left(\frac{4}{3}\right)} = 3 \angle -53.1° \ [\text{A}] \tag{13.19}$$

13.3 重ね合わせの理

先に学んだように電源を含む複雑な回路を単純化して，回路中の電圧や電流を求める方法としては，電圧源に変換するテブナンの等価回路と電流源に変換するノートンの等価回路がある。

これに対して**重ね合わせの理**（principle of superposition）は，回路の単純化ではなく以下のように説明できる。

「**線形回路網中に多数の電圧源や電流源が存在する場合の電圧と電流の分布は，それぞれの電圧源や電流源が単独に存在している場合の総和，すなわち重ね合わせに等しい**」

このとき取り去る**電圧源は短絡し，電流源は開放する**ことに注意する。

図 13.12（a）に示す電圧源 E と電流源 I が含まれている回路で，重ね合わせの理を用いて各枝路に流れる電流 I_1，I_2，I_3 を求めてみよう。

図 13.12 重ね合わせの理
(a)　　(b) I を開放　　(c) E を短絡

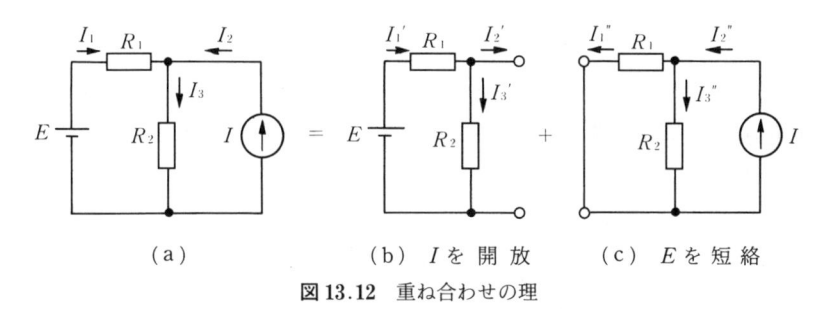

図（a）を図（b）と図（c）のように分解する。図（b）は電圧源 E だけが存在するものとして，電流源 I を開放して切り離し各枝路の電流を I_1'，I_2'，I_3' とする。図（c）は電流源 I だけが存在するものとして，電圧源 E を短絡し各枝路の電流を I_1''，I_2''，I_3'' とする。

図（a）の電流に対する図（b）と図（c）による合成電流は次式となる。ここで $I_2'=0$，$I_3'=I_1'$ また $I_2''=I$ である。

$$\begin{cases} I_1 = I_1' - I_1'' \\ I_2 = -I_2' + I_2'' = 0 + I_2'' = I \\ I_3 = I_3' + I_3'' = I_1' + I_3'' \end{cases} \quad (13.20)$$

図 (b) の回路から I_1' を求めると

$$I_1' = \frac{E}{R_1 + R_2} \quad (13.21)$$

図 (c) の回路から分流の式を用いて I_1'', I_3'' を求めると

$$\begin{aligned} I_1'' &= \frac{R_2}{R_1 + R_2} I \\ I_3'' &= \frac{R_1}{R_1 + R_2} I \end{aligned} \quad (13.22)$$

式 (13.20) に式 (13.21) と (13.22) を代入して I_1, I_2, I_3 を求めると

$$I_1 = I_1' - I_1'' = \frac{E}{R_1 + R_2} - \frac{R_2}{R_1 + R_2} I = \frac{E - R_2 I}{R_1 + R_2}$$

$$I_2 = I \quad (13.23)$$

$$I_3 = I_1' + I_3'' = \frac{E}{R_1 + R_2} + \frac{R_1}{R_1 + R_2} I = \frac{E + R_1 I}{R_1 + R_2}$$

このように重ね合わせの理を用いると，比較的簡単に各枝路電流が求まる。

[例題] 13.7 図 13.13 (a) に示す回路で，重ね合わせの理を用いて各枝路に流れる電流 $\dot{I}_1$, $\dot{I}_2$, $\dot{I}_3$ を求めよ。

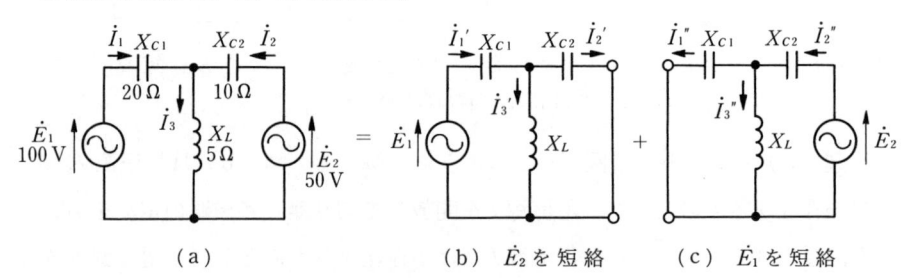

図 13.13　例題 13.7 の重ね合わせの理

[解] 図 13.13 (a) を図 (b) と図 (c) に分解する。図 (a) の電流に対する図 (b) と図 (c) による合成電流を求め，図 (b) の $\dot{I}_1'$, $\dot{I}_2'$, $\dot{I}_3'$ と図 (c) の $\dot{I}_1''$, $\dot{I}_2''$, $\dot{I}_3''$ をそれぞれ合成電流の式に代入することにより，$\dot{I}_1$, $\dot{I}_2$, $\dot{I}_3$ を求める。

$$\dot{I}_1=\dot{I}_1{}'-\dot{I}_1{}''=\cfrac{100}{-j\,20+\cfrac{50}{j\,5-j\,10}}-\cfrac{j\,5}{-j\,20+j\,5}\dot{I}_2{}''=\cfrac{100}{-j\,20+j\,10}+\cfrac{1}{3}\dot{I}_2{}''$$

$$=j\,10+\cfrac{1}{3}\times\cfrac{50}{-j\,10+\cfrac{100}{-j\,20+j\,5}}=j\,10+\cfrac{1}{3}\times\cfrac{50}{-j\,10+j\,\cfrac{20}{3}}$$

$$=j\,10+\frac{1}{3}\times j\,15=j\,15=15\angle 90°\,[\mathrm{A}] \tag{13.24}$$

$$\dot{I}_2=-\dot{I}_2{}'+\dot{I}_2{}''=-\frac{j\,5}{j\,5-j\,10}\dot{I}_1{}'+\dot{I}_2{}''=\dot{I}_1{}'+\dot{I}_2{}'' \tag{13.25}$$

ここで式 (13.24) から $\dot{I}_1{}'=j\,10\,[\mathrm{A}]$, $\dot{I}_2{}''=j\,15\,[\mathrm{A}]$ が得られるので，これを式 (13.25) に代入すると $\dot{I}_2$ が式 (13.26) のように求まる．

$$\dot{I}_2=j\,10+j\,15=j\,25=25\angle 90°\,[\mathrm{A}] \tag{13.26}$$

$$\dot{I}_3=\dot{I}_3{}'+\dot{I}_3{}''=\frac{-j\,10}{j\,5-j\,10}\dot{I}_1{}'+\frac{-j\,20}{-j\,20+j\,5}\dot{I}_2{}''$$

$$=2\times j\,10+\frac{20}{15}\times j\,15=j\,40=40\angle 90°\,[\mathrm{A}] \tag{13.27}$$

演 習 問 題

(1) **図 13.14** に示す回路において，テブナンの等価回路（電圧源）とノートンの等価回路（電流源）に変換せよ．

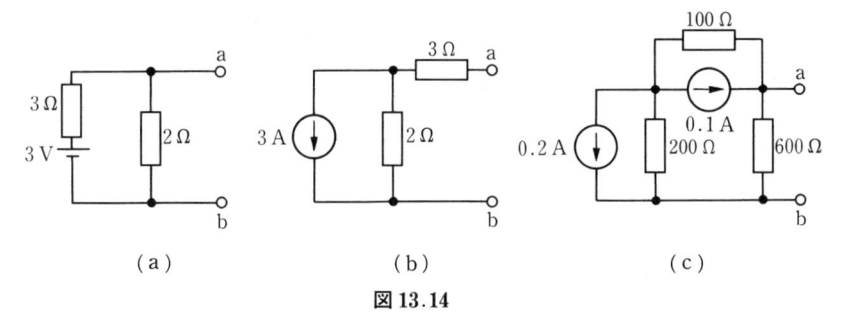

図 13.14

(2) **図 13.15** に示す回路において，テブナンの定理を用いて I_L を求めよ．
(3) **図 13.16** に示す回路において，テブナンの定理を用いて $\dot{I}_L$ を求めよ．
(4) **図 13.17** に示す回路において，重ね合わせの理を用いて各枝路に流れる電流 I_1, I_2, I_3 を求めよ．そのとき分解図も画くこと．
(5) **図 13.18** に示す回路において，重ね合わせの理を用いて各枝路に流れる電流 $\dot{I}_1$, $\dot{I}_2$, $\dot{I}_3$ を求めよ．そのとき分解図も画くこと．

132   13. 諸 定 理

図 13.15

図 13.16

図 13.17

図 13.18

図 13.19

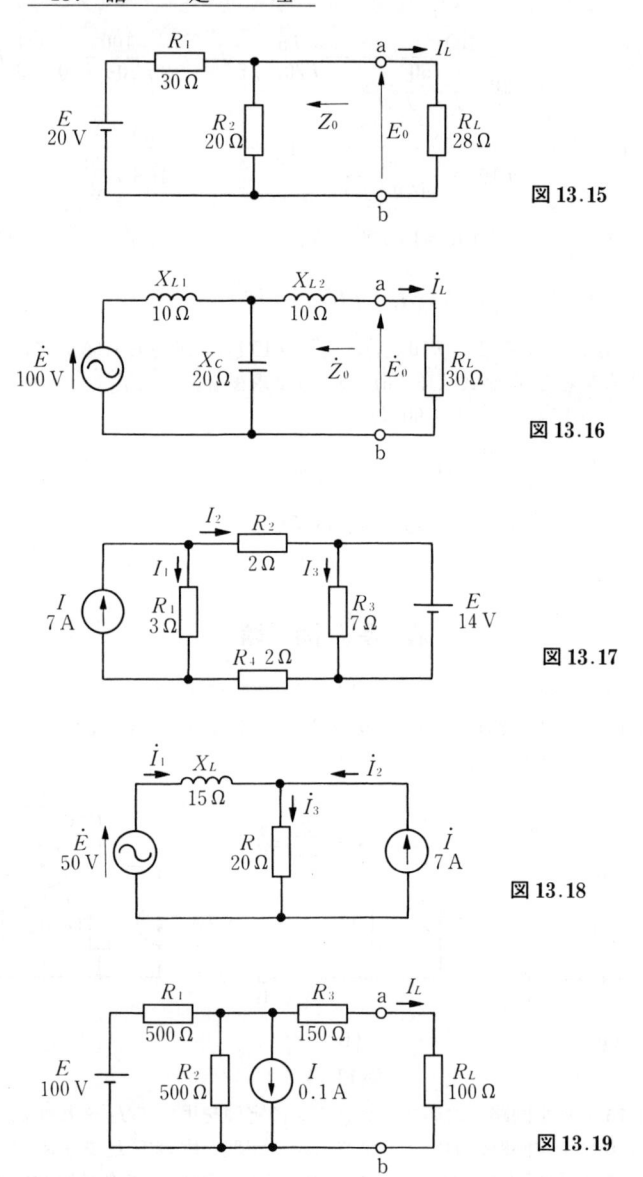

(6) 図 **13.19** に示す回路において，テブナンの定理もしくは重ね合わせの理を用いて I_L を求めよ。

14 交流電力

　第 6 章で学んだ直流電力は，時間に対して電圧と電流の大きさが一定なので，その積である電力の大きさも一定となることから取り扱いが簡単に行えた。これに対して交流の場合は，電圧と電流の大きさが時間に対して変化するので，その積である電力の大きさも時間的に変化し，その取り扱いは直流のように簡単ではない。しかしながら交流の場合でも，1 周期の平均電力すなわち有効電力で考えると比較的簡単に扱える。本章では交流電力について学ぶ。

14.1 瞬時電力と平均電力および力率

　図 14.1（a）に示す RL 直列回路に瞬時電圧 e を印加したとき，式（14.1）に示す遅れ位相の瞬時電流 i が回路に流れたとする。このときの瞬時電力 p と平均電力 P を求めてみよう。

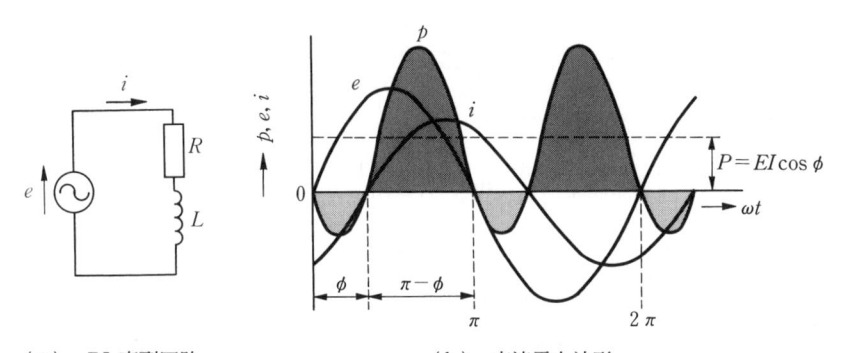

（a）　RL 直列回路　　　　　　（b）　交流電力波形

図 14.1　RL 直列回路の瞬時電力 p と平均電力 P

$$e = E_m \sin \omega t = \sqrt{2} E \sin \omega t$$
$$i = I_m \sin(\omega t - \phi) = \sqrt{2} I \sin(\omega t - \phi)$$
(14.1)

瞬時電力 p は, $p = ei$ より上式のそれぞれの積をとると

$$p = ei = \sqrt{2} E \sin \omega t \times \sqrt{2} I \sin(\omega t - \phi) = 2EI \sin \omega t \cdot \sin(\omega t - \phi)$$
(14.2)

ここで三角関数の積の形では積分が行えないので, 次式に示す加法定理の積を和に変換する式を用いて

$$\sin \theta_1 \sin \theta_2 = -\frac{1}{2}[\cos(\theta_1 + \theta_2) - \cos(\theta_1 - \theta_2)]$$

上式において $\theta_1 \to \omega t$, $\theta_2 \to (\omega t - \phi)$ に置き換え, これを式 (14.2) に代入すると, 瞬時電力 p は

$$p = 2EI \times -\frac{1}{2}[\cos\{\omega t + (\omega t - \phi)\} - \cos\{\omega t - (\omega t - \phi)\}]$$
$$= EI[\cos \phi - \cos(2\omega t - \phi)]$$
(14.3)

交流回路の**平均電力**（average power）P は有効電力とも呼ばれ, **瞬時電力 p の1周期の平均値で定義**され, これに上式の p を代入すると求まる.

$$P = \frac{1}{T}\int_0^T p\,dt = \frac{1}{T}\int_0^T EI[\cos \phi - \cos(2\omega t - \phi)]dt$$
$$= \frac{EI}{T}\left[t \cos \phi - \frac{1}{2\omega}\sin(2\omega t - \phi)\right]_0^T$$
$$= \frac{EI}{T}\left[\left\{T \cos \phi - \frac{1}{2\omega}\sin(2\omega T - \phi)\right\} - \left\{-\frac{1}{2\omega}\sin(-\phi)\right\}\right]$$

上式に $\omega T = 2\pi$ を代入して

$$P = \frac{EI}{T}\left[\left\{T \cos \phi - \frac{1}{2\omega}\sin(-\phi) + \frac{1}{2\omega}\sin(-\phi)\right\}\right]$$
$$= EI \cos \phi$$
$$\therefore \quad P = |\dot{E}||\dot{I}|\cos \phi = EI \cos \phi$$
(14.4)

式 (14.4) の P は, **交流の電力**または**有効電力**そのほかにも**消費電力**と呼ばれているもので, 単位は直流電力と同様にワット〔W〕である.

ここで E, I は電圧と電流の大きさすなわち実効値を表している. $\cos \phi$ は

14.1 瞬時電力と平均電力および力率

力率（power factor）と呼ばれるもので，**電源から負荷に供給された電力が，どの程度負荷で消費されたかを**表している。

この RL 直列回路の瞬時電力 p は，図 14.1（b）のようになる。この p の変化をみると，e と i の 2 倍の周波数で変化しており，半周期 π のうち e と i との間の位相差 ϕ に相当する淡いアミの部分が負の電力で，$\pi - \phi$ に相当する濃いアミの部分が正の電力であることがわかる。これを 1 周期で平均すると，正の電力の面積が負の電力の面積よりも大きいことから，回路内で消費される電力はある正の値 P をもつことになる。

つぎに瞬時電力 p の正負について考えてみよう。図（b）から e と i の向きが同方向における p は，$p = ei$ すなわち正となる。e と i の向きが反対方向における p は，$p = -ei$ すなわち負となる。

このことを具体的に考えると，**瞬時電力 p が正の場合は電源からのエネルギーが回路の負荷に供給され**，逆に**瞬時電力 p が負の場合は回路の負荷に蓄積されたエネルギーが電源に戻されている**ことを表している。すなわち，**電源から負荷に供給されたエネルギーと負荷から電源に戻されたエネルギーを差し引いたものが，負荷が実際に消費したエネルギーとなる**。負荷が実際に消費したエネルギーを電力の形で表すと $P = EI\cos\phi$ となり，先に述べたように平均電力もしくは有効電力または消費電力と呼ばれている。

つぎに，負荷が抵抗だけの場合とリアクタンスここではインダクタンスだけの場合の瞬時電力 p について考えてみよう。**図 14.2（a）**に負荷が抵抗 R だけの場合の電力波形を示す。図から e と i は同相なので，$\phi = 0$ となる。その結果 p はすべて正となり，電源から抵抗に供給されたエネルギーはすべて抵抗で消費され，消費電力 P は直流回路の場合と同様に $P = EI$ となる。

図（b）に負荷がインダクタンス L だけの場合の電力波形を示す。この場合，i は e より $\phi = \pi/2$ 位相が遅れる。その結果，図（b）をみるとわかるように 1 周期において p の正負の面積が等しくなるので，消費電力は $P = 0$ となる。

このことは，区間（$\pi/2 \leq \omega t \leq \pi$）においては，電源から供給されたエネ

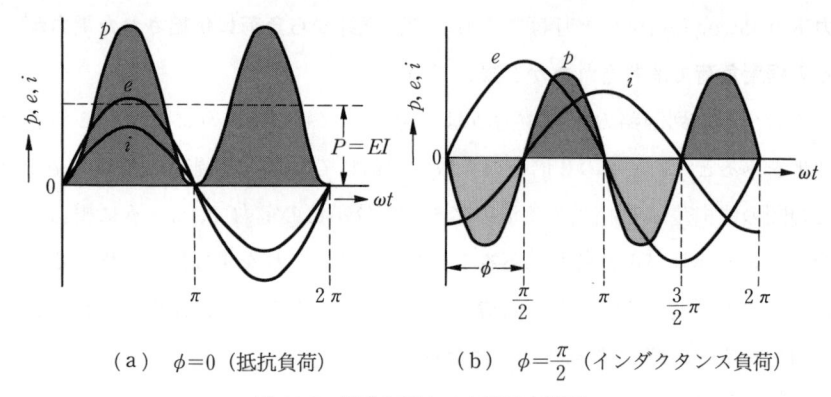

(a) $\phi=0$（抵抗負荷） (b) $\phi=\dfrac{\pi}{2}$（インダクタンス負荷）

図 14.2 特殊な場合の交流電力波形

ギーがインダクタンスの中に $LI^2/2$ の電磁エネルギーとして蓄えられる。

つぎに区間（$\pi \leq \omega t \leq 3\pi/2$）においては，インダクタンスの中に蓄えられた電磁エネルギーが電源に向かって放出される。

負荷がキャパシタンス C だけの場合においても，蓄えられるエネルギーが $CE^2/2$ の静電エネルギーになるだけで，インダクタンスの場合と同様に扱うことができる。いずれにしても負荷がインダクタンスやキャパシタンスのリアクタンスだけの場合は，電力を消費しないことがわかる。

14.2 有効電力と無効電力および皮相電力

図 14.1（a）に示した RL 直列回路の負荷（ここでは R と L の直列接続に相当）に電圧 $\dot{E}$ を印加したとき，回路に電流 $\dot{I}$ が流れた場合の交流電力を複素数表示すると式（14.5）のようになる。ここで**負荷**（load）とは，電力を消費する素子のことで，通常はインピーダンス $\dot{Z}$ の形で式（14.6）のように表現できる。

$$\dot{P}_a = P + jP_r = EI(\cos\phi + j\sin\phi) \tag{14.5}$$

$$\dot{Z} = R + j\omega L = R + jX_L \tag{14.6}$$

上式において

14.2 有効電力と無効電力および皮相電力

P_a は**皮相電力**（apparent power）と呼ばれ，電源から回路の負荷に供給する電力を表し，その単位は**ボルトアンペア**〔VA〕である。

P は先に述べた**有効電力**（effective power）のことで，負荷の実部（抵抗分）が消費する電力を表しており，単位は**ワット**〔W〕である。

P_r は**無効電力**（reactive power）と呼ばれ，負荷の虚部（リアクタンス分）が蓄積する電力を表しており，単位は**バール**〔Var〕である。

式（14.5）の電力のフェーザ図を**図 14.3**（a）に，さらに式（14.6）の負荷であるインピーダンスのフェーザ図を同様に図（b）に示す。これから次式が成立する。なお単位が間違いやすいので式の中に記入しておく。

（a）電　力　　　　　（b）インピーダンス

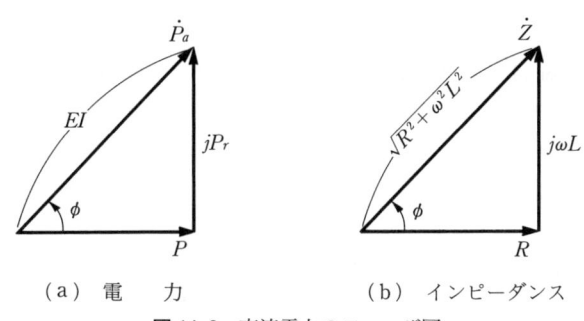

図 14.3　交流電力のフェーザ図

$$P_a = \sqrt{P^2 + P_r^2} = EI \ \text{〔VA〕} \tag{14.7}$$

$$P = EI \cos \phi \ \text{〔W〕} \tag{14.8}$$

$$P_r = EI \sin \phi \ \text{〔Var〕} \tag{14.9}$$

$$\cos \phi = \frac{P}{P_a} = \frac{P}{EI} = \frac{R}{|\dot{Z}|} = \frac{R}{Z} \tag{14.10}$$

$$\sin \phi = \frac{P_r}{P_a} = \frac{P_r}{EI} = \frac{X_L}{|\dot{Z}|} = \frac{X_L}{Z} \tag{14.11}$$

力率 $\cos \phi$ は $0 \leq \cos \phi \leq 1$ の値をとり得るが，百分率〔％〕で表すこともある。例えば $\cos \phi = 0.6$ は，$\cos \phi = 60\%$ と表すことがある。

〔例題〕14.1　RL 直列回路において，電圧 $\dot{E} = 100 \angle 0° \text{〔V〕}$ を印加したとき回路の有効電力 P，無効電力 P_r，皮相電力 P_a および力率 $\cos \phi$ を求めよ。た

だし,$R=10\ \Omega$,$L=0.1\ \mathrm{H}$,周波数を$f=50\ \mathrm{Hz}$とする。

[解] はじめに回路のインピーダンス$\dot{Z}$を求め,つぎに流れる電流$\dot{I}$と力率$\cos\phi$および$\sin\phi$を求めることにより,P,P_rおよびP_aが求まる。

$$\dot{Z}=\sqrt{R^2+(\omega L)^2}\angle\tan^{-1}\frac{\omega L}{R}=\sqrt{10^2+(2\times3.14\times50\times0.1)^2}\angle\tan^{-1}\frac{31.4}{10}$$
$$=\sqrt{10^2+31.4^2}\angle\tan^{-1}3.14=33\angle72.3°\ [\Omega] \tag{14.12}$$

$$\dot{I}=\frac{\dot{E}}{\dot{Z}}=\frac{100\angle0°}{33\angle72.3°}=3.03\angle-72.3°\ [\mathrm{A}] \tag{14.13}$$

$$\cos\phi=\frac{R}{Z}=\frac{10}{33}=0.303,\quad \sin\phi=\frac{X_L}{Z}=\frac{31.4}{33}=0.952 \tag{14.14}$$

$$P=EI\cos\phi=100\times3.03\times0.303=91.8\ \mathrm{W} \tag{14.15}$$
$$P_r=EI\sin\phi=100\times3.03\times0.952=288.5\ \mathrm{Var} \tag{14.16}$$
$$P_a=EI=100\times3.03=303\ \mathrm{VA} \tag{14.17}$$

[例題] 14.2 図14.4に示す回路において,電流が$\dot{I}=20\angle0°\ [\mathrm{A}]$流れているとき,回路の消費電力$P$を求めよ。

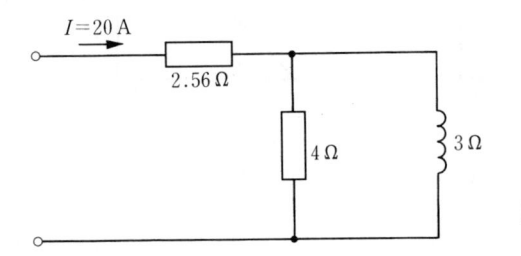

図14.4 交流電力

[解] 印加電圧が与えられていないので,有効電力を求める式(14.8)が使用できない。そのため回路のインピーダンスの実部Rを求めることにより,ジュールの法則すなわち$P=I^2R$から求める。

$$\dot{Z}=2.56+\frac{4\times j3}{4+j3}=2.56+\frac{j12(4-j3)}{(4+j3)(4-j3)}=2.56+\frac{36+j48}{25}$$
$$=2.56+1.44+j1.92=4+j1.92=R+jX_L \tag{14.18}$$

式(14.18)から回路のインピーダンスの実部は$R=4\ \Omega$となるので,回路の消費電力Pは

$$P=I^2R=20^2\times4=1\,600\ \mathrm{W}=1.6\ \mathrm{kW} \tag{14.19}$$

[例題] 14.3 あるRL直列回路に,100 Vの直流電圧を印加したら回路の消費電力が1 kWであった。つぎに100 Vの交流電圧を印加したら回路の消費電

14.2 有効電力と無効電力および皮相電力

力が 250 W であった。R と L の値を求めよ。ただし交流電圧の周波数を $f=50$ Hz とする。

解 直流電圧を印加した場合，1 kW の電力を消費するのは R だけなので，これから R が求まる。交流電圧を印加した場合は，R の値と 250 W の消費電力および電流の大きさ I から L の値が求まる。

直流電圧を印加した場合は

$$P = I^2 R = \left(\frac{E}{R}\right)^2 R = \frac{E^2}{R} = \frac{(100)^2}{R} = 1\,000 \text{ W} \tag{14.20}$$

$$\therefore \quad R = \frac{10^4}{10^3} = 10 \text{ Ω} \tag{14.21}$$

交流電圧を印加した場合は

$$P = I^2 R = \left(\frac{E}{\sqrt{R^2 + (\omega L)^2}}\right)^2 R = \left(\frac{100}{\sqrt{10^2 + (\omega L)^2}}\right)^2 \times 10 = 250 \text{ W} \tag{14.22}$$

$$\frac{100}{\sqrt{10^2 + (\omega L)^2}} = 5$$

$$\sqrt{10^2 + (\omega L)^2} = 20$$

$$100 + (\omega L)^2 = 400$$

$$(\omega L)^2 = 300$$

ここで $\omega L > 0$ なので正の値をとり，さらに $\omega = 2\pi f$ を上式に代入して L を求めると

$$\omega L = 10\sqrt{3}$$

$$\therefore \quad L = \frac{10\sqrt{3}}{\omega} = \frac{10\sqrt{3}}{2\pi \times 50} = \frac{\sqrt{3}}{10\pi} = 0.055\,1 \text{ H} = 55.1 \text{ mH} \tag{14.23}$$

[例題] 14.4 図 14.5 に示す RL 直列回路において，a〜b 間に進相用コンデンサ C を並列に接続して，負荷の力率を 1 にしたい。C の値を求めよ。

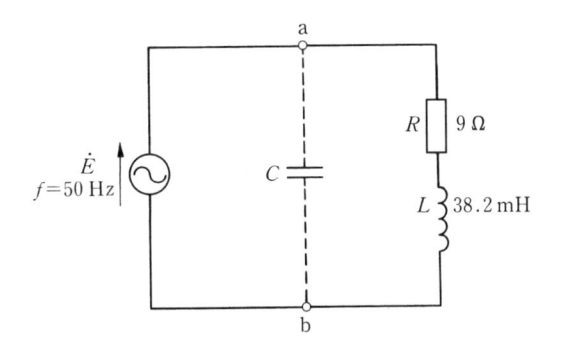

図 14.5 力率の改善法

[解] 電力の受電設備などで行われる力率の改善法である。力率が1になるためには，C を含んだ負荷全体に流れ込む電流とその端子電圧が同相になる必要がある。ここで負荷が並列回路なのでそのアドミタンス $\dot{Y}$ を求め，$\dot{Y}$ の虚部が零になる C の値を求める。

回路のアドミタンス $\dot{Y}$ は

$$\dot{Y} = j\omega C + \frac{1}{R+j\omega L} = j\omega C + \frac{R-j\omega L}{(R+j\omega L)(R-j\omega L)}$$

$$= \frac{R}{R^2+(\omega L)^2} + j\omega\left(C - \frac{L}{R^2+(\omega L)^2}\right) \tag{14.24}$$

上式の（$\dot{Y}$ の虚部）=0 から C の値を求めると

$$C - \frac{L}{R^2+(\omega L)^2} = 0$$

$$\therefore \quad C = \frac{L}{R^2+(\omega L)^2} \tag{14.25}$$

上式に R，L の値を代入すると C は

$$C = \frac{38.2 \times 10^{-3}}{9^2 + (2\pi \times 50 \times 38.2 \times 10^{-3})^2} = \frac{38.2 \times 10^{-3}}{225} = 169.8\,\mu\text{F} \tag{14.26}$$

演習問題

(1) 抵抗 $R=16\,\Omega$ と誘導性リアクタンス $X_L=12\,\Omega$ の直列回路に電圧 $\dot{E}=100\angle 0°$ [V] を印加したときの回路の有効電力 P，無効電力 P_r，皮相電力 P_a および力率 $\cos\phi$ を求めよ。

(2) R と X_L の並列回路において，印加電圧が $\dot{E}=96\angle 0°$ [V] で $R=30\,\Omega$，$X_L=40\,\Omega$ のとき，回路の有効電力 P，無効電力 P_r，皮相電力 P_a および力率 $\cos\phi$ を求めよ。

(3) 抵抗 R と容量性リアクタンス X_C の直列回路で，力率が $\cos\phi=0.6$ となるような X_C の値を求めよ。ただし $R=15\,\Omega$ とする。

(4) 抵抗 R と容量性リアクタンス X_C の直列回路において，R の端子電圧が $E_R=40\,\text{V}$，X_C の端子電圧が $E_C=30\,\text{V}$ のとき力率 $\cos\phi$ を求めよ。

(5) $R=20\,\Omega$，$X_L=15\,\Omega$，$X_C=30\,\Omega$ の直列回路に $\dot{I}=10\angle 0°$ [A] の電流が流れているとき，回路の有効電力 P，無効電力 P_r，皮相電力 P_a を求めよ。

(6) 例題 14.4 の図 14.5 において，進相用コンデンサ C を負荷と並列に接続する前とその後の，それぞれの力率と消費電力 P を求めよ。ただし，印加電圧を $\dot{E}=120\angle 0°$ [V]，進相用コンデンサを $C=169.8\,\mu\text{F}$ とする。

15 交流回路の条件による解法

本章では交流回路のまとめとして，電圧，電流，電力およびインピーダンスにある条件が付いた場合，すなわち電圧と電流が同相になる条件や電力が最大，最小になる条件などについて，具体的に例題をあげて説明する。

15.1 回路方程式の作成とクラーメルの式の適用

交流回路における任意の閉回路中の電流を求めるには，直流回路の場合と同様に回路方程式を作成して，クラーメルの式を用いる方法が一般的といえる。

[例題] 15.1 図 15.1 において，回路素子 X_L, X_C, R に流れる電流を求めよ。

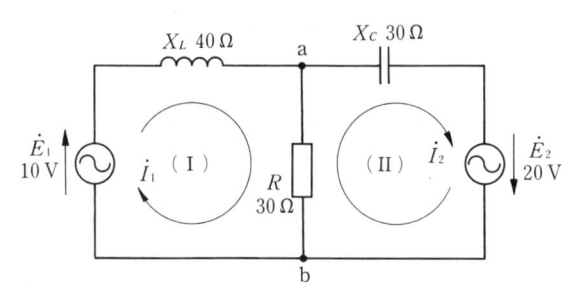

図 15.1 交流回路におけるクラーメルの式の適用

[解] 閉回路 I，II においてループ電流をそれぞれ $\dot{I}_1$, $\dot{I}_2$ とし，回路方程式を作成して，クラーメルの式を用いて求める。

回路方程式は，閉回路 I，II において
$$\begin{cases} j40\,\dot{I}_1 + 30(\dot{I}_1 - \dot{I}_2) = 10 \\ 30(\dot{I}_2 - \dot{I}_1) - j30\,\dot{I}_2 = 20 \end{cases} \tag{15.1}$$

上式を整理して

$$\begin{cases}(3+j4)\dot{I}_1-3\dot{I}_2=1\\-3\dot{I}_1+3(1-j)\dot{I}_2=2\end{cases} \quad (15.2)$$

クラーメルの式を用いて，X_L に流れる電流 $\dot{I}_1$ と X_C に流れる電流 $\dot{I}_2$ を求めると

$$\dot{I}_1=\frac{\begin{vmatrix}1 & -3\\2 & 3(1-j)\end{vmatrix}}{\begin{vmatrix}(3+j4) & -3\\-3 & 3(1-j)\end{vmatrix}}=\frac{3(1-j)-(2\times-3)}{3(3+j4)(1-j)-(-3\times-3)}=\frac{3-j}{4+j}$$

$$=\frac{11-j7}{17}=0.647-j0.411=0.767\angle-32.4°\ [\mathrm{A}] \quad (15.3)$$

上式の分母の行列式を $\varDelta$ （デルタ）とおくと，$\varDelta=3(4+j)$ より

$$\dot{I}_2=\frac{\begin{vmatrix}(3+j4) & 1\\-3 & 2\end{vmatrix}}{\varDelta}=\frac{2(3+j4)-(-3\times1)}{3(4+j)}=\frac{9+j8}{3(4+j)}$$

$$=\frac{44+j23}{51}=0.863+j0.451=0.974\angle27.6°\ [\mathrm{A}] \quad (15.4)$$

R に流れる電流を $\dot{I}_3$ とおくと式 (15.3)，(15.4) から $\dot{I}_2>\dot{I}_1$ なので，$\dot{I}_3$ は $\dot{I}_2$ と同方向に流れ，$\dot{I}_3=\dot{I}_2-\dot{I}_1$ となる．したがって，これに式 (15.3)，(15.4) を代入して

$$\dot{I}_3=\dot{I}_2-\dot{I}_1=(0.863+j0.451)-(0.647-j0.411)$$
$$=0.216+j0.862=0.889\angle75.9°\ [\mathrm{A}] \quad (15.5)$$

15.2 電圧と電流が同相になる条件

任意の回路の電圧と電流が同相になる条件を求めるには，以下に示す二つの方法がある．

① 回路全体が直列回路になっている場合は，回路のインピーダンス $\dot{Z}$ を求め，（$\dot{Z}$ の虚部）＝0 とおいたときの未知数を求める．

② 回路全体が並列回路になっている場合は，回路のアドミタンス $\dot{Y}$ を求め，（$\dot{Y}$ の虚部）＝0 とおいたときの未知数を求める．

（1） 回路全体が直列回路になっている（$\dot{Z}$ の虚部）＝0 の場合の例

[例題] **15.2** 図 15.2 に示す回路において，電圧 $\dot{E}$ と電流 $\dot{I}$ が同相になるための L の値を求めよ．ただし，R，C_1，C_2 および角周波数 ω は一定とする．

15.2 電圧と電流が同相になる条件

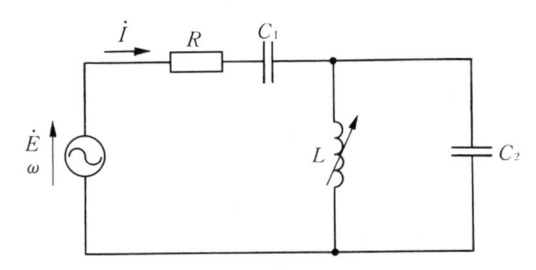

図 15.2 電圧と電流が同相になる条件
（インピーダンスの場合）

解 回路のインピーダンス $\dot{Z}$ は

$$\dot{Z} = R + \frac{1}{j\omega C_1} + \frac{j\omega L \times \dfrac{1}{j\omega C_2}}{j\omega L + \dfrac{1}{j\omega C_2}} = R + \frac{1}{j\omega C_1} + \frac{j\omega L}{1-\omega^2 LC_2}$$

$$= R + j\left(\frac{\omega L}{1-\omega^2 LC_2} - \frac{1}{\omega C_1}\right) \tag{15.6}$$

上式において，（$\dot{Z}$ の虚部）＝0 から L を求めると

$$\frac{\omega L}{1-\omega^2 LC_2} = \frac{1}{\omega C_1} \tag{15.7}$$

$$1 - \omega^2 LC_2 = \omega^2 LC_1$$

$$\omega^2 L(C_1 + C_2) = 1$$

$$\therefore \quad L = \frac{1}{\omega^2 (C_1 + C_2)} \tag{15.8}$$

（2） 回路全体が並列回路になっている（$\dot{Y}$ の虚部）＝0 の場合の例

[例題] 15.3 図 15.3 に示す回路において，電圧 $\dot{E}$ と電流 $\dot{I}$ が同相になるための角周波数 ω の値を求めよ。ただし，R, L, C は一定とする。

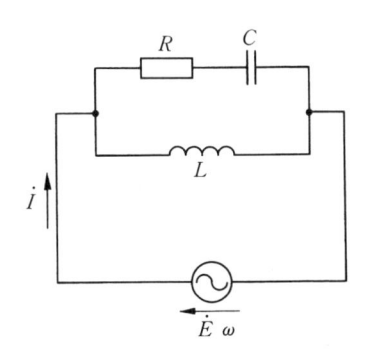

図 15.3 電圧と電流が同相になる条件
（アドミタンスの場合）

解 回路のアドミタンス $\dot{Y}$ は

$$\dot{Y} = \frac{1}{R + \dfrac{1}{j\omega C}} + \frac{1}{j\omega L} = \frac{j\omega C}{1 + j\omega CR} + \frac{1}{j\omega L}$$

$$= \frac{j\omega C(1 - j\omega CR)}{(1 + j\omega CR)(1 - j\omega CR)} + \frac{1}{j\omega L} = \frac{\omega^2 C^2 R + j\omega C}{1 + \omega^2 C^2 R^2} - j\frac{1}{\omega L}$$

$$= \frac{\omega^2 C^2 R}{1 + \omega^2 C^2 R^2} + j\left(\frac{\omega C}{1 + \omega^2 C^2 R^2} - \frac{1}{\omega L}\right) \tag{15.9}$$

上式において，($\dot{Y}$ の虚部)$=0$ から ω を求めると

$$\frac{\omega C}{1 + \omega^2 C^2 R^2} = \frac{1}{\omega L} \tag{15.10}$$

$$1 + \omega^2 C^2 R^2 = \omega^2 LC$$

$$\omega^2(LC - C^2 R^2) = 1$$

$$\omega^2 = \frac{1}{C(L - CR^2)}$$

$\omega > 0$ より

$$\therefore \quad \omega = \frac{1}{\sqrt{C(L - CR^2)}} \tag{15.11}$$

ここで式 (15.11) が成立するためには，分母の平方根の中が正になるための条件が必要なので

$$L - CR^2 > 0$$

$$\therefore \quad R < \sqrt{\frac{L}{C}} \tag{15.12}$$

15.3 回路のインピーダンスが一定値になる条件

[例題] 15.4 図 15.4 に示す回路において，a〜b 間のインピーダンス $\dot{Z}$ が $R/2$ になるための L，C の値を求めよ。

解 a〜b 間のインピーダンス $\dot{Z}$ を求め，実部と虚部について整理する。つぎに

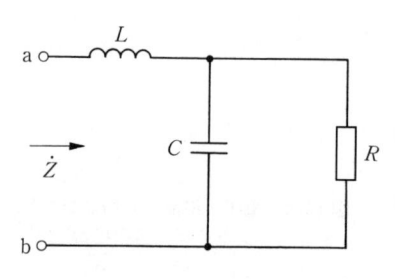

図 15.4 インピーダンスの条件
（大きさ）

($\dot{Z}$ の実部)$=R/2$ と ($\dot{Z}$ の虚部)$=0$ の条件から L, C の値を求める。

$$\dot{Z} = j\omega L + \frac{\dfrac{R}{j\omega C}}{R + \dfrac{1}{j\omega C}} = j\omega L + \frac{R}{1+j\omega CR}$$

$$= j\omega L + \frac{R(1-j\omega CR)}{(1+j\omega CR)(1-j\omega CR)} = j\omega L + \frac{R(1-j\omega CR)}{1+\omega^2 C^2 R^2}$$

$$= \frac{R}{1+\omega^2 C^2 R^2} + j\omega\left(L - \frac{CR^2}{1+\omega^2 C^2 R^2}\right) \tag{15.13}$$

ここで上式の $\dot{Z}$ が $R/2$ に等しいことから，式 (15.14)，(15.15) が成立する。

実部から　　$\dfrac{R}{1+\omega^2 C^2 R^2} = \dfrac{R}{2}$ (15.14)

虚部から　　$L - \dfrac{CR^2}{1+\omega^2 C^2 R^2} = 0$ (15.15)

式 (15.14) から C を求めると
$1+\omega^2 C^2 R^2 = 2$
$\omega^2 C^2 R^2 = 1$

$$C^2 = \frac{1}{\omega^2 R^2} \tag{15.16}$$

ここで $C>0$ なので式 (15.16) からこれを満たす C を求めると

$$\therefore\ C = \frac{1}{\omega R} \tag{15.17}$$

式 (15.15) に式 (15.17) を代入して，L を求めると

$$\therefore\ L = \frac{CR^2}{1+\omega^2 C^2 R^2} = \frac{\left(\dfrac{1}{\omega R}\right)R^2}{1+\omega^2\left(\dfrac{1}{\omega R}\right)^2 R^2} = \frac{R}{2\omega} \tag{15.18}$$

15.4　インピーダンスや端子電圧が角周波数に無関係になる条件

[例題] 15.5　図 15.5 に示す回路において，a〜b 間のインピーダンス $\dot{Z}$ が角

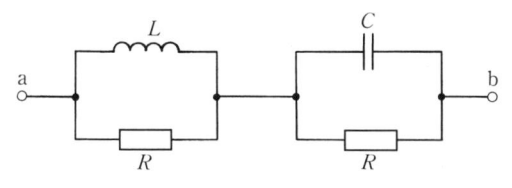

図 15.5　インピーダンスの条件（角周波数）

周波数 ω に関係なく一定の大きさとなるような R の値を求めよ.

[解] 回路のインピーダンス $\dot{Z}$ を求めて, $\dot{Z}=K$（定数）とおく．つぎに複素数の実部と虚部および K の関係式を得ることにより, R が求まる．

$$\dot{Z} = \frac{j\omega LR}{R+j\omega L} + \frac{\dfrac{R}{j\omega C}}{R+\dfrac{1}{j\omega C}} = \frac{j\omega LR}{R+j\omega L} + \frac{R}{1+j\omega CR}$$

$$= \frac{j\omega LR(1+j\omega CR) + R(R+j\omega L)}{(R+j\omega L)(1+j\omega CR)}$$

$$= \frac{R^2(1-\omega^2 LC) + j2\omega LR}{R(1-\omega^2 LC) + j\omega(L+CR^2)} \tag{15.19}$$

上式の $\dot{Z}$ が ω に無関係になるためには, 一般に $\dot{Z}=K$（定数）とおく．
ここでつぎに示す式 (15.20) の複素数の分数について考えてみよう．K は定数である．これを整理して, それぞれの関係を求めると

$$\frac{a_1+jb_1}{a_2+jb_2}=K \tag{15.20}$$

$a_1+jb_1=K(a_2+jb_2)$
$a_1=Ka_2, \quad b_1=Kb_2$

$$\therefore \quad K=\frac{a_1}{a_2}=\frac{b_1}{b_2} \tag{15.21}$$

すなわち式 (15.19) に式 (15.21) の関係を適用して K を求めると

$$\dot{Z}=\frac{R^2(1-\omega^2 LC)+j2\omega LR}{R(1-\omega^2 LC)+j\omega(L+CR^2)}=\frac{a_1+jb_1}{a_2+jb_2}=K$$

$$\therefore \quad K=R=\frac{2LR}{(L+CR^2)} \tag{15.22}$$

式 (15.22) から R を求めると

$R(L+CR^2)=2LR$
$CR^2=L$

$$R^2=\frac{L}{C} \tag{15.23}$$

ここで $R>0$ なので, 式 (15.23) からこれを満たす R を求めると

$$\therefore \quad R=\sqrt{\frac{L}{C}} \tag{15.24}$$

また端子電圧が角周波数に無関係に一定となる条件においても, 分圧の式を用いて例題 15.5 と同様に行える．

15.5 電圧と電流および電力が最大・最小になる条件

[例題] 15.6 図 15.6 に示す回路において，インダクタンスを変化させて，端子電圧 $\dot{E}_L$ の大きさが最大になる L の値とそのときの端子電圧 E_L を求めよ。ただし，R，C および角周波数 ω と印加電圧 $\dot{E}$ は一定とする。

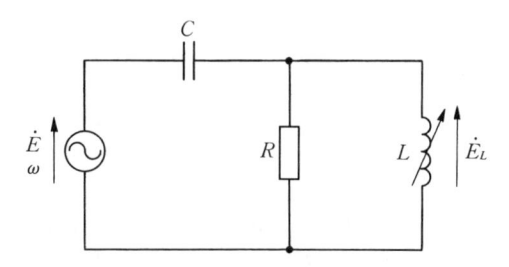

図 15.6 端子電圧が最大になる条件

[解] 分圧の式を用いて $\dot{E}_L$ を求める。つぎに E_L が最大になるような L の値とその端子電圧を求める。

$$\dot{E}_L = \frac{\dfrac{j\omega LR}{R+j\omega L}\dot{E}}{\dfrac{1}{j\omega C}+\dfrac{j\omega LR}{R+j\omega L}} = \frac{-\omega^2 LCR}{R+j\omega L - \omega^2 LCR}\dot{E}$$

$$= \frac{\dot{E}}{\left(1-\dfrac{1}{\omega^2 LC}\right)-j\dfrac{1}{\omega CR}} \tag{15.25}$$

L の端子電圧の大きさ E_L は

$$E_L = |\dot{E}_L| = \frac{|\dot{E}|}{\sqrt{\left(1-\dfrac{1}{\omega^2 LC}\right)^2 + \left(\dfrac{1}{\omega CR}\right)^2}} \tag{15.26}$$

上式の E_L が最大になるためには，その式の分母が最小になればよい。すなわち分母の平方根の中が最小になる条件から L を求めると

$$1 - \frac{1}{\omega^2 LC} = 0$$
$$\omega^2 LC = 1$$
$$\therefore \quad L = \frac{1}{\omega^2 C} \tag{15.27}$$

式 (15.27) を式 (15.26) に代入して，端子電圧の最大値 $E_{L(\max)}$ は

$$\therefore\ E_{L(\max)} = \omega CRE \tag{15.28}$$

例題 15.7 図 15.7 に示す RC 直列回路において，抵抗 R を変化させたとき R の消費電力が最大になる R の値と最大消費電力 $P_{\max}$ を求めよ。ただし，キャパシタンス C および角周波数 ω と印加電圧 $\dot{E}$ は一定とする。

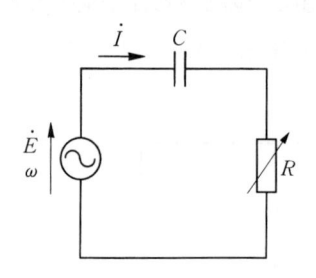

図 15.7 消費電力が最大になる条件

解 流れる電流の大きさ I が求まると R の消費電力 P は，$P=I^2R$ から求まる。つぎに P の1次微分を零 $(dP(R)/dR=0)$ とおくことにより，消費電力が最大になる R が求まる。

$$\dot{I} = \frac{\dot{E}}{R + \dfrac{1}{j\omega C}}$$

$$I = |\dot{I}| = \frac{E}{\sqrt{R^2 + \dfrac{1}{\omega^2 C^2}}} \tag{15.29}$$

R の消費電力 P は，$P=I^2R$ よりこれに式 (15.29) を代入して

$$P = I^2 R = \frac{E^2}{R^2 + \dfrac{1}{\omega^2 C^2}} R = \frac{E^2}{R + \dfrac{1}{\omega^2 C^2 R}} \tag{15.30}$$

式 (15.30) の P が最大になる R を求めるには，式 (15.30) の分母を $P(R)$ とおくとこれが最小になる条件を求めることと同様なので，ここでは $dP(R)/dR=0$ から R を求める。

$$P(R) = R + \frac{1}{\omega^2 C^2 R} \tag{15.31}$$

$$\frac{dP(R)}{dR} = 1 - \frac{1}{\omega^2 C^2 R^2} = 0 \tag{15.32}$$

式 (15.32) から R を求めると，$R>0$ より

$$1 = \frac{1}{\omega^2 C^2 R^2}$$

$$R^2 = \frac{1}{\omega^2 C^2}$$

$$\therefore \quad R = \frac{1}{\omega C} \tag{15.33}$$

式 (15.33) を式 (15.30) に代入して，最大消費電力 $P_{\max}$ を求めると

$$\therefore \quad P_{\max} = \frac{E^2}{\dfrac{1}{\omega C} + \dfrac{1}{\omega^2 C^2 \left(\dfrac{1}{\omega C}\right)}} = \frac{E^2}{\dfrac{2}{\omega C}} = \frac{\omega C E^2}{2} \tag{15.34}$$

15.6 交流ブリッジの平衡条件

未知の抵抗をはじめインダクタンスやキャパシタンスを測定するとき，交流ブリッジを用いると測定が容易に行える。以下に例をあげて説明する。

[例題] 15.8 図 15.8 に示すブリッジ回路において，R_1，R_2 と C_1，C_3 が既知のとき，ブリッジの平衡条件から未知の R_4，C_4 を求めよ。回路中の D は，ブリッジが平衡したかどうかを音で確認するイヤホンなどの検出器である。すなわち平衡すると音が聞こえなくなり，平衡しないと大きい音となる。

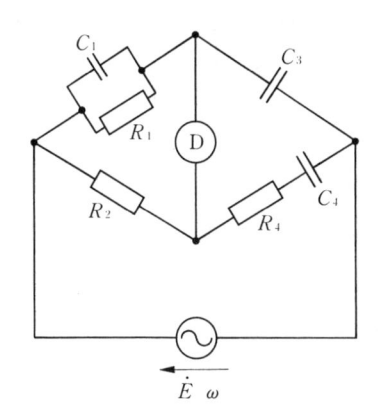

図 15.8 交流ブリッジ

[解] 平衡すると対辺の積が等しくなるので，これから R_4，C_4 を求める。

$$\left(\frac{\dfrac{R_1}{j\omega C_1}}{R_1 + \dfrac{1}{j\omega C_1}}\right)\left(R_4 + \frac{1}{j\omega C_4}\right) = \frac{R_2}{j\omega C_3} \tag{15.35}$$

$$\left(\frac{R_1}{j\omega C_1 R_1 + 1}\right)\left(j\omega C_3 R_4 + \frac{C_3}{C_4}\right) = R_2$$

$$R_1C_3\left(j\omega R_4+\frac{1}{C_4}\right)=R_2(j\omega C_1R_1+1)$$

$$\frac{R_1C_3}{C_4}+j\omega C_3R_1R_4=R_2+j\omega C_1R_1R_2 \tag{15.36}$$

上式で左辺と右辺のそれぞれの実部と虚部が等しいので

実部から　　$\dfrac{R_1C_3}{C_4}=R_2$ 　　　　　　　　　　　　　　　(15.37)

虚部から　　$C_3R_4=C_1R_2$ 　　　　　　　　　　　　　　　(15.38)

式 (15.37) から C_4, 式 (15.38) から R_4 をそれぞれ求めると次式となる。

$$\therefore\quad C_4=\frac{R_1C_3}{R_2},\quad R_4=\frac{C_1R_2}{C_3} \tag{15.39}$$

例題 15.9 図 15.9（a）のブリッジ回路において, R_1, R_2, R_3, r と C_1 が既知のとき, ブリッジの平衡条件から未知の R_4, L_4 を求めよ。

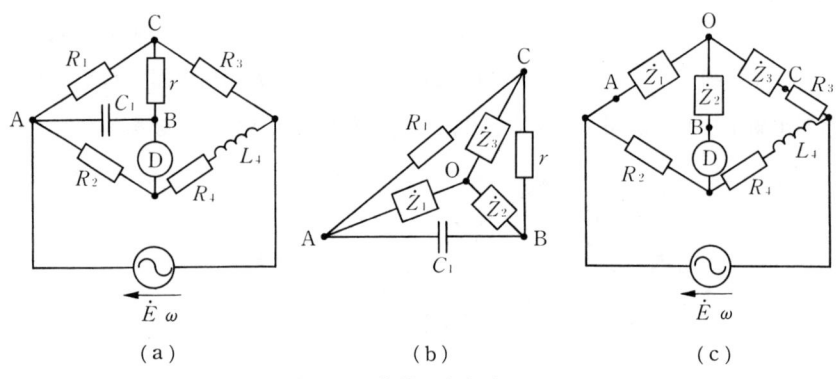

図 15.9　複雑な交流ブリッジ

解　図（b）の R_1, C_1, r からなる三角形 ABC を Δ-Y 変換すると, 図（c）に示す通常のブリッジ回路になる。この回路を用いると, ブリッジの平衡条件より R_4, L_4 が求まる。ここで $\dot{Z}_2$ は, ブリッジの平衡条件とは関係ない。

図（b）の Δ-Y 変換を行うと $\dot{Z}_1$, $\dot{Z}_3$ は次式となる。

$$\dot{Z}_1=\frac{\dfrac{R_1}{j\omega C_1}}{R_1+r+\dfrac{1}{j\omega C_1}}=\frac{R_1}{j\omega C_1(R_1+r)+1} \tag{15.40}$$

$$\dot{Z}_3=\frac{R_1r}{R_1+r+\dfrac{1}{j\omega C_1}}=\frac{j\omega C_1R_1r}{j\omega C_1(R_1+r)+1} \tag{15.41}$$

ブリッジの平衡条件より対辺の積が等しいので

$$\left(\frac{R_1}{j\omega C_1(R_1+r)+1}\right)(R_4+j\omega L_4) = \left(\frac{j\omega C_1 R_1 r}{j\omega C_1(R_1+r)+1}+R_3\right)R_2 \quad (15.42)$$

上式の両辺に $j\omega C_1(R_1+r)+1$ を乗じて

$$R_1(R_4+j\omega L_4) = j\omega C_1 R_1 R_2 r + R_2 R_3\{j\omega C_1(R_1+r)+1\}$$
$$R_1 R_4 + j\omega L_4 R_1 = R_2 R_3 + j\omega C_1 R_2\{R_1 r + R_3(R_1+r)\} \quad (15.43)$$

式 (15.43) で左辺と右辺のそれぞれの実部と虚部が等しいので

実部から　　$R_1 R_4 = R_2 R_3$ \hfill (15.44)

虚部から　　$L_4 R_1 = C_1 R_2\{R_1 r + R_3(R_1+r)\}$ \hfill (15.45)

式 (15.44) から R_4, 式 (15.45) から L_4 をそれぞれ求めると次式となる.

$$\therefore \quad R_4 = \frac{R_2 R_3}{R_1} \quad (15.46)$$

$$\therefore \quad L_4 = \frac{C_1 R_2}{R_1}\{R_1 r + R_3(R_1+r)\} = C_1\left(R_2 r + R_2 R_3 + \frac{R_2 R_3 r}{R_1}\right)$$
$$= C_1\{R_2 r + R_2 R_3 + R_4 r\} = C_1\{R_2 R_3 + r(R_2 + R_4)\} \quad (15.47)$$

演 習 問 題

(1) 図 15.10 に示す回路において, 電圧 $\dot{E}$ と電流 $\dot{I}$ が同相になるための R の値を求めよ. ただし, C, L および角周波数 ω は一定とする.

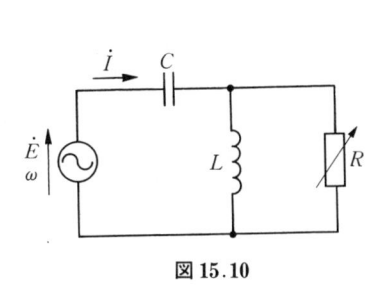

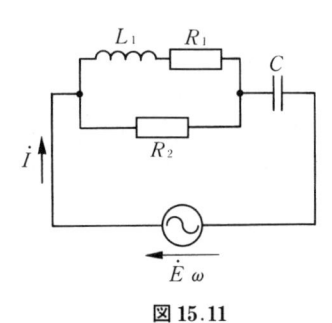

図 15.10

図 15.11

(2) 図 15.11 に示す回路において, 電圧 $\dot{E}$ と電流 $\dot{I}$ が同相になるための角周波数 ω を求めよ. ただし, R_1, R_2, L_1, C は一定とする.
(3) 図 15.12 (a) に示す回路において, 端子電圧 $\dot{E}_2$ が角周波数 ω に関係なく一定の大きさとなるような条件とそのときの $\dot{E}_2$ を求めよ.
(4) 図 15.13 に示す回路において, R の消費電力が最大になる R の値とそのときの最大消費電力 P_{max} を求めよ. ただし, L, C と角周波数 ω および電圧 $\dot{E}$ は一定とする.
(5) 図 15.14 に示す回路において, 全電流 $\dot{I}$ を一定に保つとき, R の消費電力が

15. 交流回路の条件による解法

(a)

(b)

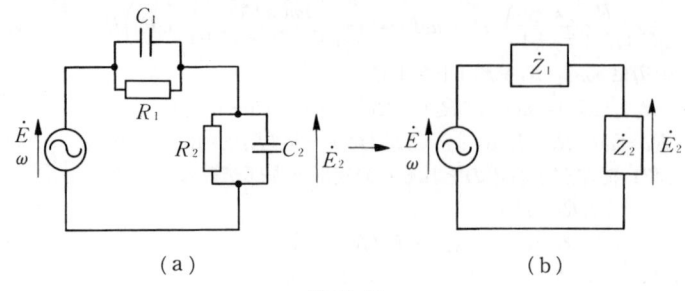

図 15.12

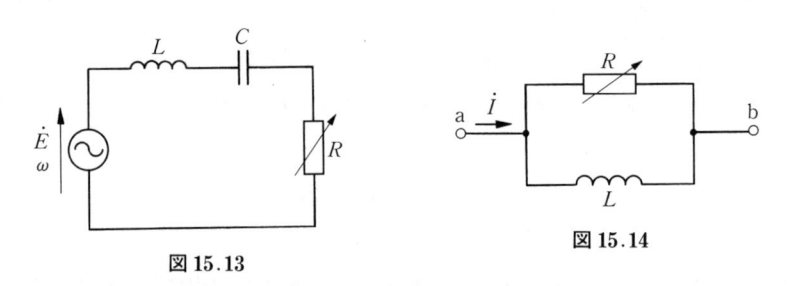

図 15.13

図 15.14

最大になる R の値とそのときの最大消費電力 $P_{\max}$ を求めよ。ただし，L と角周波数 ω は一定とする。

(6) 図 15.15 に示す回路において，ブリッジが平衡したときの角周波数 ω を求めよ。ただし，図の中の回路素子は定数とする。

(7) 図 15.16 に示す回路において，ブリッジの平衡条件から R_4 と C_4 を求めよ。ただし，R_1, R_2, R_3, r, C_3 および角周波数 ω は定数とする。

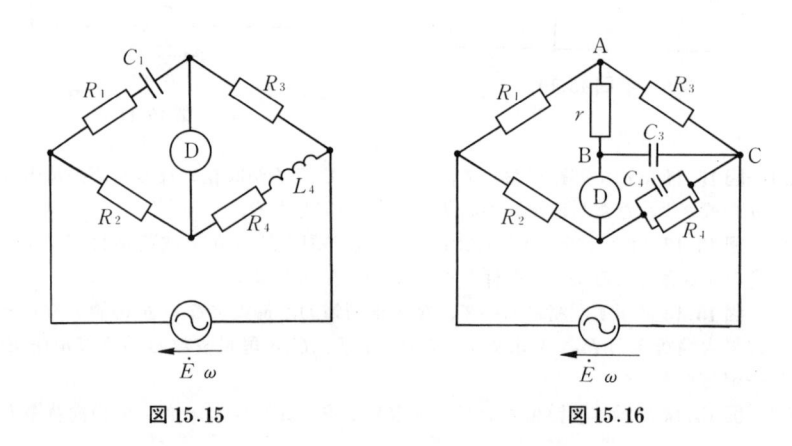

図 15.15

図 15.16

付　録
（数学のおもな公式）

1. 三角関数

（1）付図1の直角三角形において

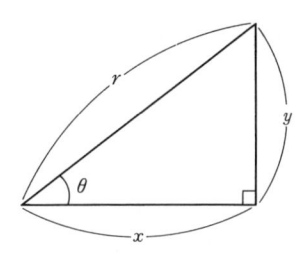

付図1

$$\sin\theta=\frac{y}{r}, \quad \cos\theta=\frac{x}{r}, \quad \tan\theta=\frac{\sin\theta}{\cos\theta}=\frac{y}{x}$$

$$\sec\theta=\frac{1}{\cos\theta}, \quad \operatorname{cosec}\theta=\frac{1}{\sin\theta}, \quad \cot\theta=\frac{1}{\tan\theta}$$

$$x^2+y^2=r^2 \text{ より } \sin^2\theta+\cos^2\theta=1, \quad \theta=\tan^{-1}\frac{y}{x}$$

$$\pi\,[\text{rad}]=180° \text{ より } 1\,[\text{rad}]=\frac{180}{\pi}\,[°], \quad 1°=\frac{\pi}{180}\,[\text{rad}]$$

（2）　$\sin(-\theta)=-\sin\theta, \quad \cos(-\theta)=\cos\theta, \quad \tan(-\theta)=-\tan\theta$

（3）　$\sin(\theta\pm\phi)=\sin\theta\cos\phi\pm\cos\theta\sin\phi$

（4）　$\cos(\theta\pm\phi)=\cos\theta\cos\phi\mp\sin\theta\sin\phi$

（5）　$A\sin\theta+B\cos\theta=\sqrt{A^2+B^2}\sin\left(\theta+\tan^{-1}\frac{B}{A}\right)$

（6）　$\sin\theta\cos\phi=\frac{1}{2}\{\sin(\theta+\phi)+\sin(\theta-\phi)\}$

（7）　$\cos\theta\sin\phi=\frac{1}{2}\{\sin(\theta+\phi)-\sin(\theta-\phi)\}$

（8）　$\cos\theta\cos\phi=\frac{1}{2}\{\cos(\theta+\phi)+\cos(\theta-\phi)\}$

（9）　$\sin\theta\sin\phi=-\frac{1}{2}\{\cos(\theta+\phi)-\cos(\theta-\phi)\}$

（10）　$\sin^2\theta=\dfrac{1-\cos 2\theta}{2}$ または $\sin\theta=\pm\sqrt{\dfrac{1-\cos 2\theta}{2}}$

(11) $\cos^2\theta = \dfrac{1+\cos 2\theta}{2}$ または $\cos\theta = \pm\sqrt{\dfrac{1+\cos 2\theta}{2}}$

(12) $\sin 2\theta = 2\sin\theta\cos\theta$, $\cos 2\theta = \cos^2\theta - \sin^2\theta = 1 - 2\sin^2\theta$

2. 指数および対数

(1) $a^m \times a^n = a^{m+n}$, $(a^n)^m = (a^m)^n = a^{mn}$, $\dfrac{a^m}{a^n} = a^{m-n}$, $\dfrac{1}{a^n} = a^{-n}$, $a^0 = 1\ (a \neq 0)$

(2) $y = a^x \leftrightarrow x = \log_a y$, ここで $a = 10$ のとき $x = \log_{10} y$ を常用対数と呼び, 10 を省略して $x = \log y$ と書くことがある. また $a = e$ (e:ナピアの定数) のとき $x = \log_e y$ を自然対数と呼び, $x = \ln y$ と書くことがある. $\log_a 1 = 0$, $\log_a a = 1$, $\log_e 10 \cong 2.303$, $e = \lim_{n \to \infty}\left(1 + \dfrac{1}{n}\right)^n \cong 2.718$

(3) $\log_a AB = \log_a A + \log_a B$, $\log_a \dfrac{A}{B} = \log_a A - \log_a B$

$\log_a A^n = n\log_a A$, $\log_a \sqrt[n]{A} = \log_a A^{\frac{1}{n}} = \dfrac{1}{n}\log_a A$

$\log_a \dfrac{1}{A} = \log_a A^{-1} = -\log_a A$, $\log_x y = \dfrac{\log_a y}{\log_a x}$

3. 指数関数と極形式

(1) $e^{\pm j\theta} = \cos\theta \pm j\sin\theta$, $(e^{\pm j\theta})^n = e^{\pm jn\theta} = \cos n\theta \pm j\sin n\theta$, $\dot{E} = Ee^{j\theta} = E\angle\theta$

(2) $\sin\theta = \dfrac{e^{j\theta} - e^{-j\theta}}{j2}$, $\cos\theta = \dfrac{e^{j\theta} + e^{-j\theta}}{2}$

4. 微分法（導関数）

y が変数 t の関数，すなわち $y = f(t)$ とおくと

1 次導関数（1 回微分）は $y' = f'(t) = \dfrac{df(t)}{dt}$

2 次導関数（2 回微分）は $y'' = f''(t) = \dfrac{df'(t)}{dt} = \dfrac{d^2 f(t)}{dt^2}$

で表す.

(1) $(t^n)' = nt^{n-1}$

(2) $(cf(t))' = cf'(t)$ （c:定数）

(3) $(f(t) + g(t))' = f'(t) + g'(t)$

(4) $(f(t)g(t))' = f'(t)g(t) + f(t)g'(t)$

(5) $\left(\dfrac{f(t)}{g(t)}\right)' = \dfrac{f'(t)g(t) - f(t)g'(t)}{(g(t))^2}$, $\left(\dfrac{1}{g(t)}\right)' = -\dfrac{g'(t)}{(g(t))^2}$

(6) $\dfrac{dy}{dt} = \dfrac{dy}{d\theta} \cdot \dfrac{d\theta}{dt}$ （合成関数の導関数）

(7) $(\sin t)' = \cos t$, $(\cos t)' = -\sin t$, $(\tan t)' = \sec^2 t$

$(\sin\omega t)' = \omega\cos\omega t$, $(\cos\omega t)' = -\omega\sin\omega t$, $(\tan\omega t)' = \omega\sec^2\omega t$

(8) $(e^t)' = e^t$, $(e^{\omega t})' = \omega e^{\omega t}$

(9) $(\log_e t)' = \dfrac{1}{t}$, $(\log_e(\omega t^2+1))' = \dfrac{2\omega t}{\omega t^2+1}$

(10) $(a^t)' = a^t \log_e a \ (a>0,\ a\neq 1)$, $(\log_a t)' = \dfrac{1}{t\log_e a} = \dfrac{\log_a e}{t}$

5. 導関数の応用（関数の極大・極小もしくは最大・最小）

付図2に示すある関数 $f(t)$ の極大（最大），極小（最小）の値を求めるには

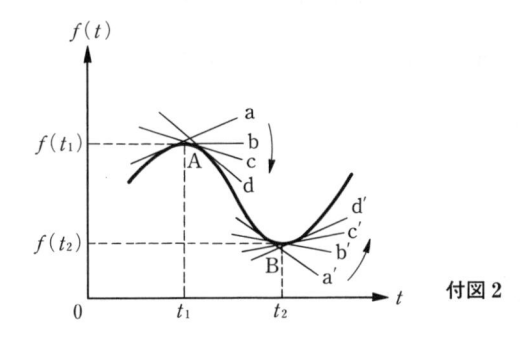

付図2

① 1次導関数 $f'(t)$ から $f(t)$ の傾きを求め，$f'(t)=0$（傾きが零）とおくことにより極大値もしくは極小値が求まる。

② 極大値と極小値の判別は，2次導関数 $f''(t)$ を求め，これに $t=t_1,\ t_2$ を代入して，$f(t)$ の接線の傾きすなわち $f''(t_1),\ f''(t_2)$ の正負を調べる。例えば付図2のAにおける接線の傾きの変化をみると，a→b→c→dのように傾きが減少して負 $(f''(t_1)<0)$ になる。同様にBにおける接線の傾きの変化 a'→b'→c'→d' は，正 $(f''(t_2)>0)$ になる。これを**付表1**に示す。

付表1

t	$t<t_1$	t_1	$t_1<t<t_2$	t_2	$t_2<t$
$f'(t)$ (傾き)	+	0	−	0	+
$f(t)$	↗ (増加)	極大 $f''(t_1)<0$	↘ (減少)	極小 $f''(t_2)>0$	↗ (増加)

6. 積分法

(1) $\int t^n dt = \dfrac{1}{n+1} t^{n+1}$ $(n\neq -1)$ （不定積分の積分定数は以下省略）

(2) $\int kf(t)dt = k\int f(t)dt$ (k：定数)

(3) $\int (f(t)+g(t))dt = \int f(t)dt + \int g(t)dt$

(4) $\int f(t)dt = \int f(g(\theta))g'(\theta)d\theta$　∵ $t=g(\theta)$　(置換積分法)

(5) $\int f(t)g'(t)dt = f(t)g(t) - \int f'(t)g(t)dt$　(部分積分法)

(6) $\int \sin t\, dt = -\cos t,\quad \int \sin \omega t\, dt = -\dfrac{1}{\omega}\cos \omega t$

(7) $\int \cos t\, dt = \sin t,\quad \int \cos \omega t\, dt = \dfrac{1}{\omega}\sin \omega t$

(8) $\int \dfrac{1}{t}dt = \log_e t = \ln t$

(9) $\int e^t dt = e^t,\quad \int e^{\omega t} dt = \dfrac{1}{\omega}e^{\omega t}$

(10) $\int \dfrac{f'(t)}{f(t)}dt = \log_e f(t) = \ln f(t)$

以上は不定積分，つぎに不定積分と定積分の関係を示す。

(11) $\int_a^b f(t)dt = [F(t)]_a^b = F(b) - F(a),\quad ∵\ F(t) = \int f(t)dt$

演習問題略解

第1章

（1）式 (1.1) から 4 A　　（2）式 (1.1) を変形して $Q=It$ から 150 C
（3）式 (1.2) から 10 V　　（4）式 (1.2) を変形して $W_t=EQ$ から 5 J
（5）$Q = 1\,\text{A} \times 3\,600\,\text{s} = 3\,600\,\text{C}$　　（6）$7.2 \times 10^4\,\text{C}$, 20 Ah
（7）$5.48\,\Omega$

第2章

（1）式 (2.16) を用いて**解図1**に示す I_1, I_2, I_3 を求めると

$$I_1 = \frac{R_2 R_3}{R_1 R_2 + R_2 R_3 + R_3 R_1} I, \quad I_2 = \frac{R_3 R_1}{R_1 R_2 + R_2 R_3 + R_3 R_1} I$$

$$I_3 = \frac{R_1 R_2}{R_1 R_2 + R_2 R_3 + R_3 R_1} I$$

（2）$\begin{cases} R_1 + R_2 = 100 \\ \dfrac{R_1 R_2}{R_1 + R_2} = 24 \end{cases}$　左に示す式を連立させて R_1, R_2 について解くと，
$R_1 = 40\,\Omega$, $R_2 = 60\,\Omega$ または $R_1 = 60\,\Omega$, $R_2 = 40\,\Omega$

（3）図 2.11 を簡単にすると**解図2**となる。
$R_0 = R_1 + R_2 = 50\,\Omega$
$E = E_1 - E_2 + E_3 = 25\,\text{V}$
$I = \dfrac{E}{R_0} = 0.5\,\text{A}$
$E_{R1} = R_1 I = 10\,\text{V}, \quad E_{R2} = R_2 I = 15\,\text{V}$

（4）$I = \dfrac{E_R}{R} = 5\,\text{A}, \quad r = \dfrac{E - E_R}{I} = 0.2\,\Omega$

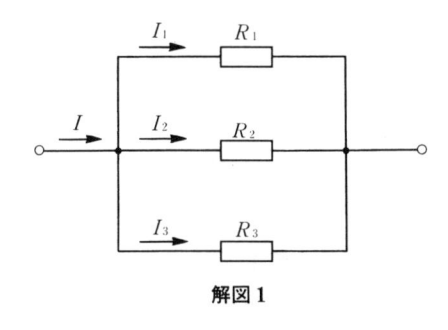

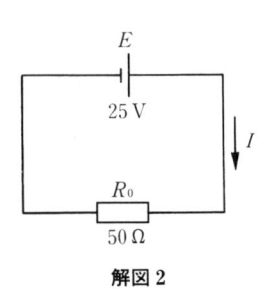

解図1

解図2

演習問題略解

第3章

(1) $r_s = \dfrac{r_a I_A}{I - I_A} = 5.03\,\Omega$

(2) $I_A = \dfrac{E_A}{r_a} = 2\,\text{mA}$ を $R = \dfrac{E - E_A}{I_A}$ に代入して $R = 450\,\text{k}\Omega$

(3) 式 (3.16), (3.17) から $R_0 = 100\,\Omega$, $I_1 = 0.1\,\text{A}$, $I_2 = 0.06\,\text{A}$, $I_3 = 0.04\,\text{A}$, $E_1 = 4\,\text{V}$, $E_2 = 6\,\text{V}$

(4) **解図3**に示すように回路を簡略化して $R_0 = 4\,\Omega$, $I = 1\,\text{A}$, また分流の式から $I_1 = 0.75\,\text{A}$, $I_2 = 0.25\,\text{A}$, $I_3 = 0.45\,\text{A}$, $I_4 = 0.3\,\text{A}$, 端子電圧は $E_{ac} = 3\,\text{V}$, $E_{bc} = 1.8\,\text{V}$

(5) 例題3.7と同様の方法で, $R = 60\,\Omega$

(6) 分流の式から次式のように電流 I が求まる。なお左辺は図(a), 右辺は図(b)の回路に対応する。これから $R = 2.5\,\Omega$

$$I = \dfrac{10}{R+10} \times \dfrac{E}{60 + \dfrac{10R}{10+R}} = \dfrac{5}{R+5} \times \dfrac{E}{50 + \dfrac{5R}{5+R}}$$

(7) 200 V の電圧計に 1 mA を流すと 200 V を指示する。そのとき 300 V の電圧計の指示は 200 V なので, 直列接続すると 400 V まで計れる。500 V 印加時には, 200 V の電圧計に $r_s = 400\,\text{k}\Omega$ の分流抵抗を入れる。

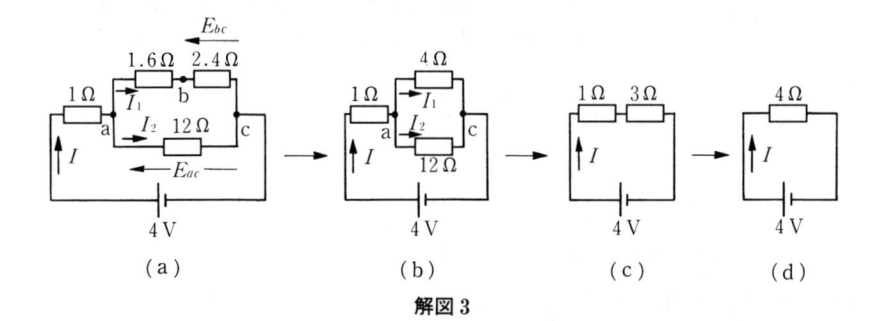

解図3

第4章

(1) (a) ブリッジが平衡しているので $R_{ab} = 100\,\Omega$ (b) $R_{cd} = 50\,\Omega$

(2) Δ-Y 変換して得られるブリッジ回路が平衡しているので, $R_0 = \dfrac{R}{2}$

(3) 三角錐を上からみると**解図4**(a)のようになる。これをブリッジの平衡条件を用いて簡略化すると, 合成抵抗は $R_0 = \dfrac{R}{2}$

(4) 三角柱の上面を外側に拡大し, 上から見ると**解図5**(a)となる。これを Δ-Y 変換とブリッジの平衡条件により回路を簡略化して $R_0 = 8R/15$

演習問題略解　159

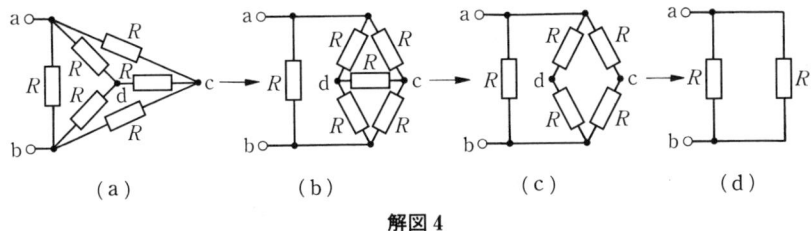

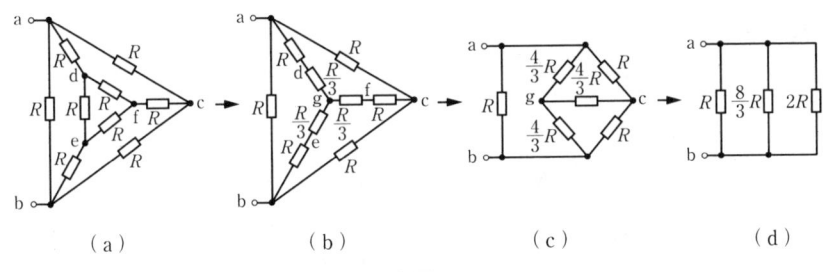

(a) (b) (c) (d)

解図 4

(a) (b) (c) (d)

解図 5

(5) d と d', c と O と c', e と e' の電位が等しいので, **解図 6** のように書き直せる。この回路の合成抵抗は次式から

$$R_0 = \frac{R}{2} + \frac{R}{4} + \frac{R}{4} + \frac{R}{2} = \frac{3R}{2}$$

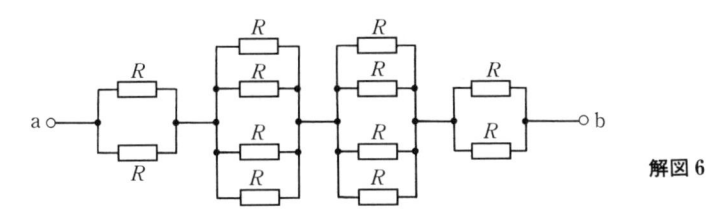

解図 6

(6) $a \sim f$ 間に電圧を印加し, 各枝路の電流分布から端子電圧を求めると, オームの法則より $R_0 = \dfrac{5R}{6}$

(7) d と d', c と O と c', e と e' の電位が等しいので, $R_0 = 100\,\Omega$

(8) ブリッジを Δ-Y 変換して**解図 7**のように簡略化し, これから R_D は

$$R_D = \left(\frac{2\,R_C + R}{2\,R_A + R}\right) R_B$$

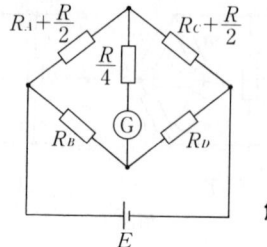

解図7

第5章

(1) $I_{R1}=\dfrac{14}{11}$ A, $I_{R2}=-\dfrac{12}{11}$ A, $I_{R3}=\dfrac{2}{11}$ A

(2) $I=0.4$ A, $E_{ab}=7.2$ V

(3) $I_{R1}=\dfrac{7}{11}$ A, $I_{R2}=\dfrac{6}{11}$ A, $I_{R3}=\dfrac{1}{11}$ A, $E_{cb}=\dfrac{5}{11}$ V

(4) 次式に示す回路方程式をクラーメルの式を用いて解くと以下のようになる。

$$\begin{cases} 15\,I_1 - 5\,I_2 \quad\quad = 1 \\ -I_1 + 9\,I_2 + 2\,I_3 = 0 \\ \quad\quad 10\,I_2 + 30\,I_3 = 1.5 \end{cases}$$

$I_{R1}=I_1=65.28$ mA
$I_{R2}=I_2=-4.167$ mA
$I_{R3}=I_3=51.39$ mA
$I_{R4}=I_1-I_2=69.45$ mA
$I_{R5}=I_2+I_3=47.22$ mA

(5) $I=3$ A, $E_{bc}=30$ V, $E_{ac}=-3$ V, $E_{ba}=33$ V

(6) 閉路 $E_1 \to a \to c \to E_2$ から $I_{ac}=2$ A, 閉路 $E_2 \to c \to b \to E_3$ から $I_{cb}=5$ A, 閉路 $E_1 \to a \to b \to E_3$ から $I_{ab}=7$ A, さらに $I_1=I_{ab}+I_{ac}=9$ A, $I_2=I_{cb}-I_{ac}=3$ A, $I_3=-(I_{ab}+I_{cb})=-12$ A

(7) $E_{cb}=\dfrac{230}{49}$ V, $E_{db}=\dfrac{330}{49}$ V, $E_{cd}=-\dfrac{100}{49}$ V, $I_R=\dfrac{225}{49}$ A, $R_2=12$ Ω

第6章

(1) 式 (6.1) から 20 W

(2) 140 Wh

(3) 電球のフィラメント抵抗は 2.4 Ω なので，6 V で点灯すると消費電力は 15 W

(4) $R=3$ Ω, $E=12$ V

(5) 電球のフィラメント抵抗は $r=4$ Ω となる。V_R の値を最大に設定したとき電球の消費電力が $P=6$ W なので

$$P=\left(\dfrac{E}{V_R+r}\right)^2 r = \dfrac{12^2 \times 4}{(V_R+4)^2}=6 \quad \text{から } V_R \text{ を求めると } V_R=5.8$$

(6) 1 J = 1 W × 1 s より 3 600 J

(7) 3.6×10^6 J, 1 kWh

(8) $I_d=8$ A, $W_t=480$ Wh

第7章

(1) 例題7.1と同様な方法で $r_1=200\,\Omega$, $r_2=60\,\Omega$

(2) 分圧の式から端子電圧 E_R を求めると次式となる。なお左辺は図7.6（a），右辺は図（b）の回路である。これから R を求めると $R=5\,\Omega$

$$E_R=\frac{\dfrac{10R}{10+R}}{80+\dfrac{10R}{10+R}}E=\frac{\dfrac{5R}{5+R}}{60+\dfrac{5R}{5+R}}E$$

(3) R_L に流れる電流は $I_L=\dfrac{36}{36/n+n}$ となる。I_L が最大になるためにはこの式の分母 $\left(\dfrac{36}{n}+n\right)$ が最小なので、これを $I(n)$ とおくことにより、$\dfrac{dI(n)}{dn}=0$ から n を求め、さらに m を求めると $n=m=6$ となる。その結果、$I_L=3\,\text{A}$ を得る。

(4) R に流れる電流は分流の式から $I_R=\dfrac{r_2 I}{r_2+R}$ となる。R の消費電力は $P=I_R^2 R$ なので、これに上式の I_R を代入して整理すると、$P=\dfrac{r_2^2 I^2}{r_2^2/R+2\,r_2+R}$ となる。P が最大になるためには、この式の分母が最小なので、これを $P(R)$ とおき、$\dfrac{dP(R)}{dR}=0$ から R を求めると $R=r_2$ を得る。

(5) I_R は $I_R=8/(8+R)$、消費電力は $P=64/(64/R+16+R)$ となりこの式の分母を $P(R)$ とおいて最小になる条件を $dP(R)/dR=0$ から求めて $R=8\,\Omega$、これから $P_{\max}=2\,\text{W}$

第8章

(1) $50\sqrt{2}=100\sqrt{2}\sin 100\pi t$ より t を求めると、$t=1.67\,\text{ms}$

(2) $E_m=50\sqrt{2}\,\text{V}$, $E=50\,\text{V}$, $\omega=200\pi\,[\text{rad/s}]$, $f=100\,\text{Hz}$, $T=0.01\,\text{s}$, $\phi=\dfrac{\pi}{3}\,[\text{rad}]$

(3) $E_a=\dfrac{1}{T}\displaystyle\int_0^{\frac{T}{3}}50\,dt=16.7\,\text{V}$, $E=\sqrt{\dfrac{1}{T}\displaystyle\int_0^{\frac{T}{3}}50^2\,dt}=28.9\,\text{V}$

(4) $E_a=\dfrac{2}{T}\displaystyle\int_0^{\frac{T}{2}}\left(\dfrac{2E_m}{T}t\right)dt=\dfrac{E_m}{2}$, $E=\sqrt{\dfrac{1}{T}\displaystyle\int_0^{\frac{T}{2}}\left(\dfrac{2E_m}{T}t\right)^2 dt\times 2}=\dfrac{E_m}{\sqrt{3}}$

(5) $E_a=\dfrac{2}{T}\displaystyle\int_0^{\frac{T}{4}}\left(\dfrac{4E_m}{T}t\right)dt\times 2=\dfrac{E_m}{2}$, $E=\sqrt{\dfrac{1}{T}\displaystyle\int_0^{\frac{T}{4}}\left(\dfrac{4E_m}{T}t\right)^2 dt\times 4}=\dfrac{E_m}{\sqrt{3}}$

(6) $E_a=\dfrac{1}{T}\displaystyle\int_0^{\frac{T}{2}}(at^2)\,dt=\dfrac{aT^2}{24}=\dfrac{E_m}{6}$, $E=\sqrt{\dfrac{1}{T}\displaystyle\int_0^{\frac{T}{2}}(at^2)^2\,dt}=\dfrac{aT^2}{4\sqrt{10}}=\dfrac{E_m}{\sqrt{10}}$

ここで $E_m=a\left(\dfrac{T}{2}\right)^2=\dfrac{aT^2}{4}$

第9章

(1) (a) $\dot{E}=4\sqrt{2}\angle 225°$ [V]　(b) $\dot{I}=5\angle 53.1°$ [A]　(c) $\dot{I}=2\angle 90°$ [A]
(2) (a) $\dot{E}=50+j50\sqrt{3}$ [V]　(b) $\dot{I}=2.5\sqrt{3}-j2.5$ [A]
　　(c) $\dot{I}=-5\sqrt{2}-j5\sqrt{2}$ [A]
(3) $\dot{Z}_1+\dot{Z}_2=5\sqrt{5}\angle -26.6°$ [Ω]，$\dot{Z}_1-\dot{Z}_2=5\sqrt{5}\angle 100.3°$ [Ω]
(4) $\dot{P}=\dot{E}\dot{I}=500\angle -16.2°$，$\dot{Z}=\dot{E}/\dot{I}=1.25\angle 90°$ [Ω]
(5) $\dot{Z}=314\angle 90°$ [Ω] を $\dot{E}_L=\dot{Z}\dot{I}$ に代入して $\dot{E}_L=314\angle 45°$ [V]，**解図8** にフェーザ図を示す。
(6) $\dot{Z}=26.5\angle -90°$ [Ω] を $\dot{E}_c=\dot{Z}\dot{I}$ に代入して，$\dot{E}_c=26.5\angle -30°$ [V]，**解図9** にフェーザ図を示す。
(7) $\dot{I}_L=5\angle -120°$ [A]，**解図10** にフェーザ図を示す。
(8) $\dot{I}_c=1.6\angle 135°$ [A]，**解図11** にフェーザ図を示す。

　　解図8　　　　解図9　　　　解図10　　　　解図11

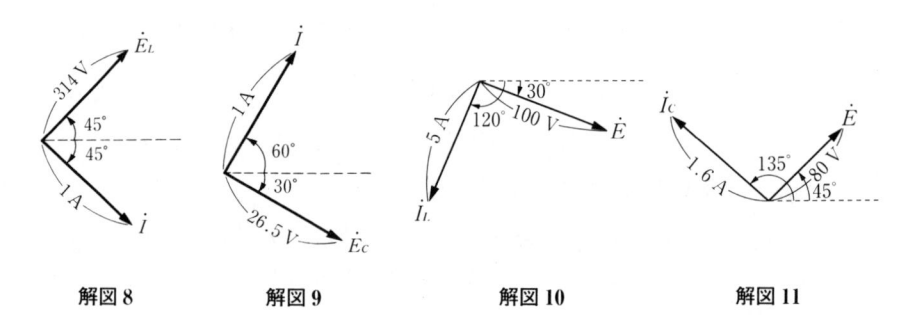

第10章

(1) (a) $\dot{Z}=37.2\angle 57.5°$ [Ω]　(b) $\dot{Z}=5.93\angle -32.5°$ [Ω]
　　(c) $\dot{Z}=82.1\angle -52.5°$ [Ω]，**解図12** にフェーザ図を示す。

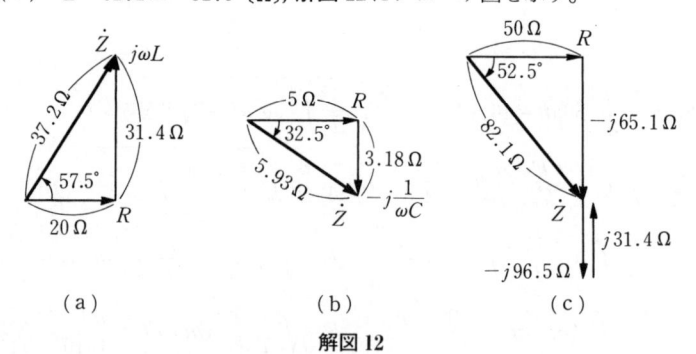

　　(a)　　　　　　(b)　　　　　　(c)
解図12

(2) (a) $\dot{Z}=100\angle 36.9°$ [Ω]　(b) $\dot{Z}=25\angle -53.1°$ [Ω]
　　(c) $\dot{Z}=30\angle -36.9°$ [Ω]

演 習 問 題 略 解   163

(3) $\dot{Z}=5\angle 36.9°$ [Ω], $\dot{I}=2\angle -36.9°$ [A], $\dot{E}_R=8\angle 0°$ [V], $\dot{E}_L=6\angle 90°$ [V], ここで電圧の位相は $\dot{I}$ を基準とした。**解図 13** にフェーザ図を示す。

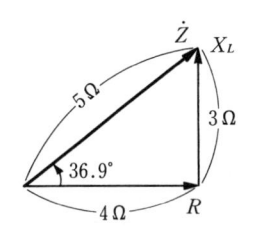

（a）インピーダンス　　　　（b）電圧と電流

解図 13

(4) $I=50/\sqrt{20^2+X_C^2}=2$ から X_C は, $X_C>0$ より $X_C=15\,\Omega$

(5) 次式を連立させて R_1, X_C について解くと, $R_1=12\,\Omega$, $X_C=40\,\Omega$
$$\frac{100}{\sqrt{R_1^2+16^2}}=5,\quad \frac{100}{\sqrt{(R_1+18)^2+X_C^2}}=2$$

(6) $\dot{Z}=25\angle 53.1°$ [Ω], $\dot{I}=4\angle -53.1°$ [A], $\dot{E}_R=60\angle 0°$ [V], $\dot{E}_L=160\angle 90°$ [V], $\dot{E}_C=80\angle -90°$ [V], ここで電圧の位相は $\dot{I}$ を基準とした。

(7) スイッチ S を 1 に倒すと分圧の式から $r=30\,\Omega$, スイッチ S を 2 に倒したときの電圧の大きさは分圧の式から $E_{ab}=80$ V

(8) $\dot{E}_1=100$ V, $f_1=50$ Hz を加えたときのインピーダンスの大きさは $Z_1=12.5\,\Omega$, 同様に $\dot{E}_2=100$ V, $f_2=60$ Hz の場合は $Z_2=11.1\,\Omega$, これから次式の Z_1, Z_2 を連立させて解くと $C=360\,\mu\mathrm{F}$, $R=8.32\,\Omega$
$$\sqrt{R^2+(1/100\,\pi C)^2}=12.5,\quad \sqrt{R^2+(1/120\,\pi C)^2}=11.1$$

(9) インダクタンスは直流電圧に対して動作しなく電圧降下が生じないので, 電流は抵抗 R で定まり $R=20\,\Omega$, インピーダンスの大きさが $Z=40\,\Omega$ からインダクタンスは $L=\sqrt{3}/5\pi=0.11$ H, これから $\dot{E}=100$ V, 60 Hz における流れる電流の大きさは $I=2.17$ A

第 11 章

(1) (a) $\dot{Y}=0.593\angle -32.5°$ [S]　(b) $\dot{Y}=0.372\angle 57.5°$ [S]
　　(c) $\dot{Y}=0.47\angle 57.9°$ [S], **解図 14** にフェーザ図を示す。

(2) (a) $\dot{Y}=0.141\angle -45°$ [S]　(b) $\dot{Y}=0.32\angle 38.7°$ [S]
　　(c) $\dot{Y}=0.6\angle -33.4°$ [S]

(3) $\dot{I}=5\angle -53.1°$ [A], $\dot{Z}=9.6\angle 53.1°$ [Ω], $\dot{Y}=0.104\angle -53.1°$ [S]

(4) 流れる電流は, $\dot{I}=\dfrac{60}{R}+j\,12$ となり, その大きさ $\sqrt{\left(\dfrac{60}{R}\right)^2+12^2}=13$ から R を

解図14

(a) 0.5 S, $\frac{1}{R}$, 32.5°, 0.318 S, 0.593 S, $-j\frac{1}{\omega L}$, $\dot{Y}$

(b) 0.372 S, $j\omega C$, $\dot{Y}$, 0.314 S, 57.5°, 0.2 S, $\frac{1}{R}$

(c) $j1.04\,\text{S}\;(j\omega C)$, $-j0.637\,\text{S}\;\left(-j\dfrac{1}{\omega L}\right)$, $\dot{Y}$, $j\left(\omega C-\dfrac{1}{\omega L}\right)$, 0.47 S, 0.399 S, 57.9°, 0.25 S, $\frac{1}{R}$

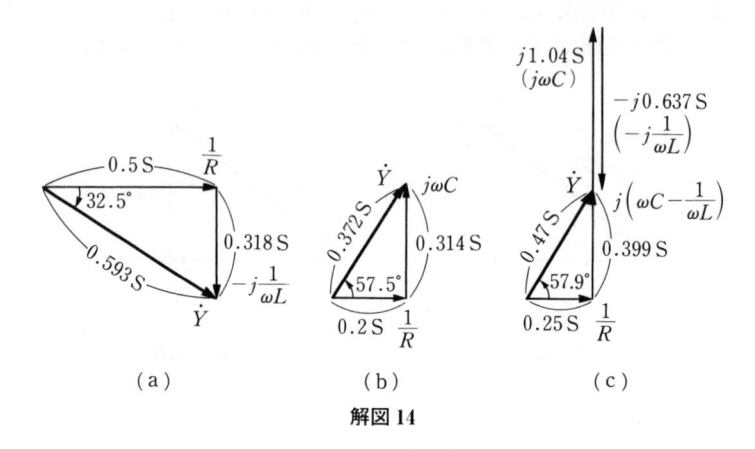

求めて，$R=12\,\Omega$。

(5) 流れる電流は，$\dot{I}=12+j\left(\dfrac{60}{X_C}-4\right)$ となり，その大きさ $\sqrt{12^2+\left(\dfrac{60}{X_C}-4\right)^2}=20$ から X_C を求めて，$X_C=3\,\Omega$。

第12章

(1) (a) $\dot{Z}=100\angle-36.9°\,[\Omega]$ (b) $\dot{Z}=3.04\angle22°\,[\Omega]$
(c) $\dot{Z}=24.1\angle44.5°\,[\Omega]$

(2) (a) $\dot{Z}=9.4\angle78.8°\,[\Omega]$ (b) $\dot{Z}=35.2\angle-77.3°\,[\Omega]$

(3) $\dot{Z}=25\angle-36.9°\,[\Omega]$, $\dot{I}=2\angle0°\,[\text{A}]$, $\dot{I}_1=6\angle0°\,[\text{A}]$, $\dot{I}_2=4\angle-180°\,[\text{A}]$, $\dot{E}_R=40\angle0°\,[\text{V}]$, $\dot{E}_L=90\angle90°\,[\text{V}]$, $\dot{E}_C=120\angle-90°\,[\text{V}]$, ここで電流と電圧の位相は $\dot{I}$ を基準とした。解図15にフェーザ図を示す。

(4) (a) 流れる電流の大きさは $I=10/\sqrt{6^2+(2X_C/(2-X_C))^2}=1$, これから

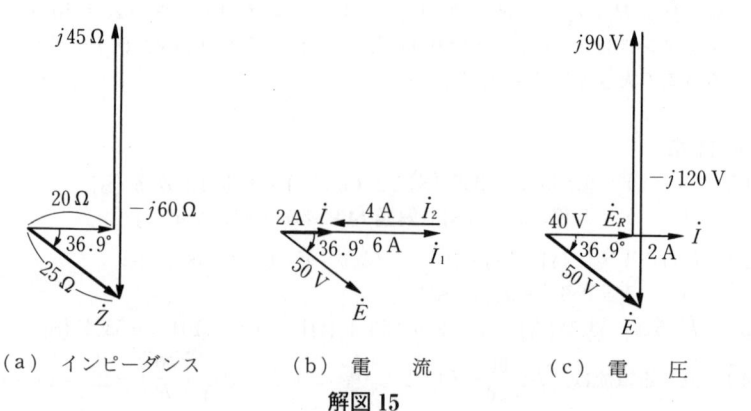

解図15

(a) インピーダンス: $j45\,\Omega$, $20\,\Omega$, $-j60\,\Omega$, $25\,\Omega$, 36.9°, $\dot{Z}$

(b) 電流: 2 A, $\dot{I}$, 4 A, $\dot{I}_2$, 36.9°, 6 A, $\dot{I}_1$, 50 V, $\dot{E}$

(c) 電圧: $j90\,\text{V}$, $-j120\,\text{V}$, 40 V, $\dot{E}_R$, 36.9°, 2 A, $\dot{I}$, 50 V, $\dot{E}$

演習問題略解　　*165*

$X_C = 1.6\,\Omega,\ 2.67\,\Omega$

（b）端子電圧の大きさは $E_R = 60/\sqrt{6^2 + (2X_C/(2-X_C))^2} = 8$，これから $X_C = 1.38\,\Omega,\ 3.6\,\Omega$

第13章

(1) この電圧源と電流源を**解図16**に示す。

(2) $Z_0 = \dfrac{30 \times 20}{30 + 20} = 12\,\Omega,\quad E_0 = \left(\dfrac{20}{30+20}\right) \times 20 = 8\,\text{V},\quad I_L = \dfrac{8}{12+28} = 0.2\,\text{A}$

(3) $\dot{Z}_0 = j10 + \dfrac{200}{j10 - j20} = 30\angle 90°\,[\Omega],\quad \dot{E}_0 = \dfrac{-j20}{j10 - j20} \times 100 = 200\,\text{V},\quad \dot{I}_L = \dfrac{200}{j30 + 30} = 4.71\angle -45°\,[\text{A}]$

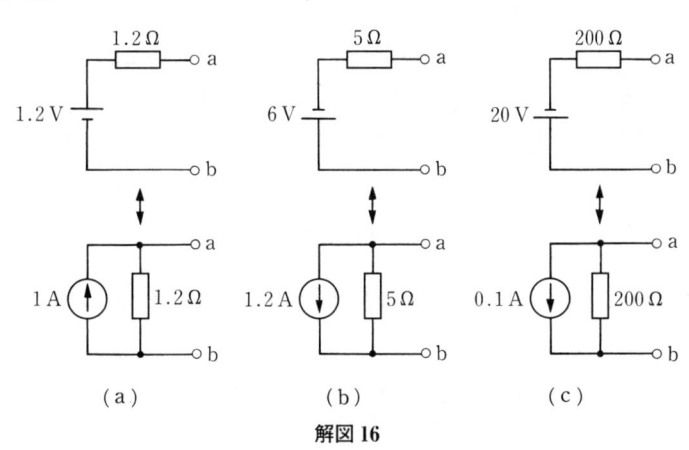

解図16

(4) **解図17**の分解図から $I_1 = I_1' + I_1'' = \dfrac{2+2}{3+2+2} \times 7 + \dfrac{14}{2+3+2} = 6\,\text{A},\quad I_2 = I_2' - I_2'' = \dfrac{3}{3+2+2} \times 7 - \dfrac{14}{2+3+2} = 1\,\text{A},\quad I_3 = I_3' + I_3'' = 0 + \dfrac{14}{7} = 2\,\text{A}$

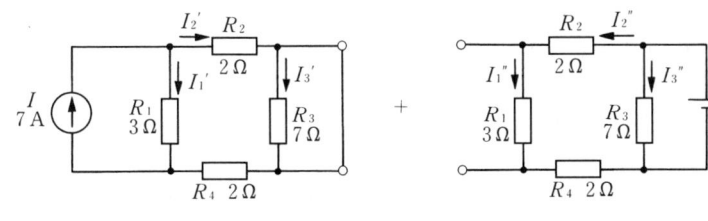

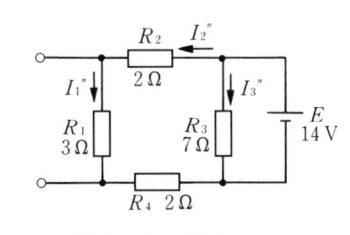

（a） E を短絡　　　（b） I を開放

解図17

(5) 解図 18 から $\dot{I}_1 = \dot{I}_1' - \dot{I}_1'' = 3.6 \angle 143.1°$ [A], $\dot{I}_2 = \dot{I}_2'' = 7$ A, $\dot{I}_3 = \dot{I}_3' + \dot{I}_3'' = \dot{I}_1' + \dot{I}_3'' = 4.65 \angle 27.7°$ [A]

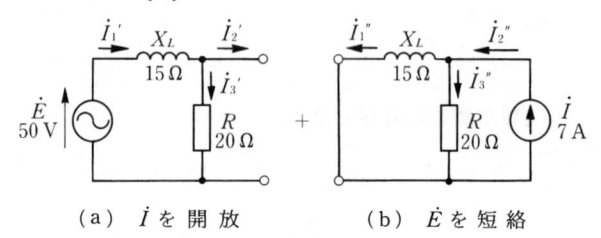

(a) $\dot{I}$ を開放　　(b) $\dot{E}$ を短絡

解図 18

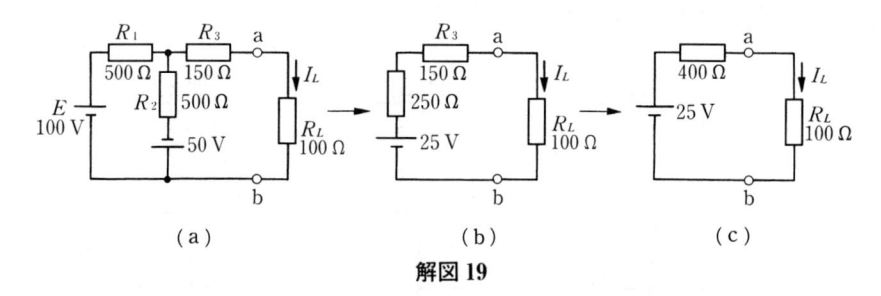

(a)　　(b)　　(c)

解図 19

(6) 解図 19 のようにテブナンの定理を用いて回路を簡略化すると，$I_L = 0.05$ A

第 14 章

(1) $\dot{Z} = 20 \angle 36.9°$ [Ω], $\dot{I} = 5 \angle -36.9°$ [A], $\cos\phi = 0.8$, $\sin\phi = 0.6$ より，$P = 400$ W, $P_r = 300$ Var, $P_a = 500$ VA

(2) $\dot{Z} = 24 \angle 36.9°$ [Ω], $\dot{I} = 4 \angle -36.9°$ [A], $\cos\phi = 0.8$, $\sin\phi = 0.6$ より，$P = 307.2$ W, $P_r = 230.4$ Var, $P_a = 384$ VA

(3) $\cos\phi = \dfrac{R}{Z} = \dfrac{15}{\sqrt{15^2 + X_c^2}} = 0.6$ から $X_C = 20$ Ω

(4) $\cos\phi = \dfrac{E_R}{E} = \dfrac{40}{\sqrt{40^2 + 30^2}} = 0.8$

(5) $\dot{Z} = 20 - j15 = R' - jX'$ とおくと，$P = I^2 R' = 2$ kW, $P_r = I^2 X' = 1.5$ kVar, $P_a = 2.5$ kVA

(6) (C を接続する前) $\dot{Z} = 15 \angle 53.1°$ [Ω], $\dot{I} = 8 \angle -53.1°$ [A] より，$\cos\phi = 0.6$, $P = 576$ W

(C を接続した後) $\dot{Z} = \dfrac{R^2 + \omega^2 L^2}{R} = \dfrac{225}{9}$ [Ω], $\dot{I} = 4.8 \angle 0°$ [A], $\cos\phi = 1$ より，$P = 576$ W

（注） いずれも負荷の有効電力は等しいが，進相コンデンサを接続することにより力率が1となり，皮相電力と有効電力が等しくなる。その結果，無効電力がなくなるので送電側の電力の低減が図れる。

第15章

(1) $\dot{Z}$ の虚部 $\dfrac{\omega L R^2}{R^2+\omega^2 L^2}-\dfrac{1}{\omega C}=0$ から $R=\dfrac{\omega L}{\sqrt{\omega^2 LC-1}}$, $R>0$ になるための条件は，$\omega>\dfrac{1}{\sqrt{LC}}$

(2) $\dot{Z}$ の虚部 $\dfrac{\omega L_1 R_2^2}{(R_1+R_2)^2+\omega^2 L_1^2}-\dfrac{1}{\omega C}=0$ から $\omega=\dfrac{R_1+R_2}{\sqrt{L_1(CR_2^2-L_1)}}$, $\omega>0$ になるための条件は，$R_2>\sqrt{\dfrac{L_1}{C}}$

(3) 分圧の式を用いて $\dot{E}_2=\dfrac{\dot{Z}_2\dot{E}}{\dot{Z}_1+\dot{Z}_2}=\dfrac{(R_2+j\omega C_1 R_1 R_2)\dot{E}}{(R_1+R_2)+j\omega R_1 R_2(C_1+C_2)}$, $\dot{E}_2=K$（定数）とおくことにより $K=\dfrac{R_2}{R_1+R_2}=\dfrac{C_2}{C_1+C_2}$, これから条件は時定数が等しく $C_1 R_1=C_2 R_2$, そのときの端子電圧は $\dot{E}_2=\dfrac{R_2\dot{E}}{R_1+R_2}$, この原理はオシロスコープの10：1プローブの原理に用いられている。

(4) $P=I^2 R=\dfrac{E^2}{R+(\omega L-1/\omega C)^2/R}$ が最大になる R の値は，この式の分母を1次微分して零とおくことにより $R=\omega L-\dfrac{1}{\omega C}$, そのときの最大消費電力は，$P_{\max}=\dfrac{E^2}{2(\omega L-1/\omega C)}$

(5) $P=I^2 R=\dfrac{\omega^2 L^2 I^2}{R+\omega^2 L^2/R}$ が最大になる R の値は，この式の分母を1次微分して零とおくことにより $R=\omega L$, そのときの最大消費電力は，$P_{\max}=\dfrac{\omega L I^2}{2}$

(6) 平衡条件の実部から $R_1 R_4+\dfrac{L_4}{C_1}=R_2 R_3$, 虚部から $\omega L_4 R_1=\dfrac{R_4}{\omega C_1}$ の二つの式から，$\omega=\dfrac{R_4}{\sqrt{L_4 C_1(R_2 R_3-L_4/C_1)}}$, $\omega>0$ になるための条件は，$R_2 R_3>\dfrac{L_4}{C_1}$

(7) 例題15.9と同様にΔ-Y変換を用いて，実部から $R_4=\dfrac{R_2 R_3}{R_1}$, 虚部から $C_4=\dfrac{C_3\{r(R_1+R_3)+R_1 R_3\}}{R_2 R_3}$

索引

【あ】
アース　　　　　　　　　3
アドミタンス　　　　　105
アナログ式　　　　　　16
網　目　　　　　　　　39
網目電流法　　　　　　40
アンペア　　　　　　　2

【い】
位相角　　　　　　　　63
位相の進み遅れ　　　　65
1周期平均値　　　　　68
印加電圧　　　　　　　13
インダクタンス　　　　85
インバータ　　　　　　73
インピーダンス　　　　92

【え】
エネルギー　　　　　　50

【お】
オイラー　　　　　　　77
オープン　　　　　　123
オーム　　　　　　　　6
　――の法則　　　　　8

【か】
開　放　　　　　　28,123
開放電圧　　　　　　123
回路の簡略化　　　　　26
回路網　　　　　　　　38
角周波数　　　　　　　64
重ね合わせの理　　　129

【か】
可変抵抗　　　　　　　26
関数の極小　　　　　155
関数の極大　　　　　155
関数の最小　　　　　155
関数の最大　　　　　155

【き】
記号法　　　　　　　　75
起電力　　　　　　　　4
キャパシタンス　　　　87
共役複素数　　　　　　75
行列式　　　　　　　　42
極形式　　　　　　　　77
極座標表示　　　　　　77
虚　軸　　　　　　　　76
鋸歯状波　　　　　　　71
虚　数　　　　　　　　75
虚数単位　　　　　　　75
キルヒホッフの法則　　9

【く】
クラーメルの式　　　　42
グランド　　　　　　　3
クーロン　　　　　　　2

【け】
検流計　　　　　　　　26

【こ】
合成インダクタンス　104
合成キャパシタンス　105
合成抵抗　　　　　　　10
交　流　　　　　　　4,61
交流電圧　　　　　　　4

【こ】
交流ブリッジ　　　　149
コンダクタンス　　　106
コンデンサ　　　　　　87

【さ】
最大消費電力　　　58,148
最大値　　　　　　　　63
サセプタンス　　　　106
三角波　　　　　　　　74

【し】
自己インダクタンス　　85
仕事量　　　　　　　　50
実効値　　　　　　　　69
実　軸　　　　　　　　76
時定数　　　　　　　166
ジーメンス　　　　　105
周　期　　　　　　61,64
周期関数　　　　　　　68
周波数　　　　　　　　64
出力インピーダンス　125
出力抵抗　　　　　120,124
ジュール　　　　　　3,50
　――の法則　　　　51
瞬時値　　　　　　　　63
瞬時電流　　　　　　　63
瞬時電力　　　　　　133
消費電力　　　　　　50,134
初期位相　　　　　　　63
ショート　　　　　　28,123
枝　路　　　　　　　　38
枝路電流法　　　　　　39
振　幅　　　　　　　　62

索　　　引

【せ】

正弦波交流	62
整合	59
静電エネルギー	136
正電荷	1
静電気	1
積分法	155
接続点	9, 38
絶対値	77
節点	9, 38
節点電流法	39
線形回路	8
線形素子	8

【た】

対称回路	30
対称波	62
帯電	1
端子電圧	13
単振動	63
短絡	28, 123
短絡電流	123

【ち】

調光	53
直並列回路	114
直流	4
直流電圧	4
直流ブリッジ	28
直列接続	13

【て】

抵抗	5
ディジタル式	16
定電圧	120
定電流源	120
テブナンの等価回路	124
Δ-Y変換	34
電圧	2
電圧源	120

電圧降下	13
電圧の法則	12
電位差	2
電荷	1
電気抵抗	5
電球	3, 63
電子	1
電磁エネルギー	136
電流	1
——の方向	9
——の法則	9
電流源	120
電力	50
電力量	50

【と】

等価回路	123
等価変換	34, 117, 123
導関数	154
同電位点法	33

【な】

| 内部抵抗 | 14, 120 |

【に】

| 2乗波 | 74 |

【の】

のこぎり波	71
ノード	9
ノートンの等価回路	124

【は】

波形	61
バール	137
パルス波形	68
半周期平均値	68
半波整流	73

【ひ】

| 皮相電力 | 137 |

| 非対称波 | 62 |

【ふ】

ファラド	87
フィラメント抵抗	52
フェーザ	75
フェーザ図	83
フェーザ表示	77
負荷	136
複素数	75
複素平面	76
負電荷	1
ブリッジ回路	26
フルスケール	16
分圧器	19
分圧抵抗	19
分圧の式	13
分流器	17
分流抵抗	17
分流の式	11

【へ】

閉回路	38
平均値	68
平均電力	133
平衡	27
平衡条件	28
並列接続	11
閉路	39
閉路電流法	40
ベクトル	76
ヘルツ	64
偏角	76
ヘンリー	85

【ほ】

ホイートストンブリッジ	28
方形波	71
ボルト	3
ボルトアンペア	137

【む】
無効電力　137

【め】
面　積　68

【ゆ】
誘起起電力　85

有効電力　134
誘導性リアクタンス　86

【よ】
容量性リアクタンス　88

【り】
力　率　135

【れ】
レンツの法則　85

【わ】
ワット　50, 137
ワット時　50
ワット秒　50

─── 著者略歴 ───

1975年	芝浦工業大学工学部電気工学科卒業
1977年	芝浦工業大学大学院修士課程修了（工学研究科電気工学専攻）
1992年	博士（工学）（東京工業大学）
1994年	九州共立大学助教授
1998年	九州共立大学教授
2011年	九州共立大学名誉教授
	九州共立大学総合研究所特別研究員
2017年	退職

電気回路基礎入門
Introduction to Electric Circuit　　　　　　　　© Shizuo Yamaguchi 2000

2000年11月30日　初版第1刷発行
2021年 2月15日　初版第22刷発行

検印省略

著　者　山　口　静　夫
発行者　株式会社　コロナ社
　　　　代表者　牛来真也
印刷所　三美印刷株式会社
製本所　有限会社　愛千製本所

112-0011　東京都文京区千石4-46-10
発行所　株式会社　コロナ社
CORONA PUBLISHING CO., LTD.
Tokyo Japan
振替00140-8-14844・電話(03)3941-3131(代)
ホームページ　https://www.coronasha.co.jp

ISBN 978-4-339-00728-2　C3054　Printed in Japan　　　　　　　　（高橋）

〈出版者著作権管理機構 委託出版物〉
本書の無断複製は著作権法上での例外を除き禁じられています。複製される場合は，そのつど事前に，出版者著作権管理機構（電話 03-5244-5088，FAX 03-5244-5089，e-mail: info@jcopy.or.jp）の許諾を得てください。

本書のコピー，スキャン，デジタル化等の無断複製・転載は著作権法上での例外を除き禁じられています。
購入者以外の第三者による本書の電子データ化及び電子書籍化は，いかなる場合も認めていません。
落丁・乱丁はお取替えいたします。

電気・電子系教科書シリーズ

(各巻A5判)

- ■編集委員長　高橋　寛
- ■幹　　　事　湯田幸八
- ■編集委員　　江間　敏・竹下鉄夫・多田泰芳
- 　　　　　　　中澤達夫・西山明彦

配本順		書名	著者	頁	本体
1.	(16回)	電気基礎	柴田尚志・皆藤新一・田中泰芳 共著	252	3000円
2.	(14回)	電磁気学	多田泰芳・柴田尚志 共著	304	3600円
3.	(21回)	電気回路Ⅰ	柴田尚志 著	248	3000円
4.	(3回)	電気回路Ⅱ	遠藤　勲 編著／鈴木靖典・吉澤純夫・降矢典雄・福田拓巳・高橋和彦 共著	208	2600円
5.	(29回)	電気・電子計測工学(改訂版)―新SI対応―	西山明彦・西村鎮二 共著	222	2800円
6.	(8回)	制御工学	下西二郎・奥木　立・青堀　幸 共著	216	2600円
7.	(18回)	ディジタル制御	西堀俊幸 著	202	2500円
8.	(25回)	ロボット工学	白水俊次 著	240	3000円
9.	(1回)	電子工学基礎	中澤達夫・藤原勝幸 共著	174	2200円
10.	(6回)	半導体工学	渡辺英夫 著	160	2000円
11.	(15回)	電気・電子材料	中澤・押田・藤原・服部 共著	208	2500円
12.	(13回)	電子回路	森田健英・須田健二 共著	238	2800円
13.	(2回)	ディジタル回路	伊原充博・若海弘夫・吉室　純 共著	240	2800円
14.	(11回)	情報リテラシー入門	山賀　進・室巌 共著	176	2200円
15.	(19回)	C++プログラミング入門	湯田幸八 著	256	2800円
16.	(22回)	マイクロコンピュータ制御プログラミング入門	柚賀正光・千代谷慶 共著	244	3000円
17.	(17回)	計算機システム(改訂版)	春日健・舘泉雄治 共著	240	2800円
18.	(10回)	アルゴリズムとデータ構造	湯田幸八・伊原充博 共著	252	3000円
19.	(7回)	電気機器工学	前田　勉・新井敏夫 共著	222	2700円
20.	(9回)	パワーエレクトロニクス	江間　敏・高橋　勲 共著	202	2500円
21.	(28回)	電力工学(改訂版)	江間　敏・甲斐隆章 共著	296	3000円
22.	(5回)	情報理論	三木成彦・吉川英機 共著	216	2600円
23.	(26回)	通信工学	竹下鉄夫・吉川英夫 共著	198	2500円
24.	(24回)	電波工学	松田豊稔・宮田克正・南部幸久 共著	238	2800円
25.	(23回)	情報通信システム(改訂版)	岡原　裕・松月正史 共著	206	2500円
26.	(20回)	高電圧工学	植月唯夫・松原孝史・箕田充志 共著	216	2800円

定価は本体価格+税です。
定価は変更されることがありますのでご了承下さい。

◆図書目録進呈◆